U0350805

黄璁宁医生
陪你健康育儿

黄璁宁 著

浙江少年儿童出版社·杭州

图书在版编目（CIP）数据

黄瑽宁医生陪你健康育儿／黄瑽宁著．－－杭州：浙江少年儿童出版社，2017.8（2017.11 重印）

ISBN 978-7-5597-0223-4

Ⅰ．①黄… Ⅱ．①黄… Ⅲ．①婴幼儿－哺育－基本知识 Ⅳ．① TS976.31

中国版本图书馆 CIP 数据核字 (2017) 第 154712 号

著作权合同登记：图字 11-2017-73 号

黄瑽宁医生陪你健康育儿

HUANGCONGNING PEI NI JIANKANG YU'ER

黄瑽宁 ◎ 著

策　　划：奇想国童书

特约编辑：郑宇芳

责任编辑：张灵羚

责任校对：冯季庆

责任印制：王　振

出版发行：浙江少年儿童出版社（杭州市天目山路 40 号）

印　　刷：深圳市福圣印刷有限公司

经　　销：全国各地新华书店

开　　本：710mm×1000mm　1/16

印　　张：16.5

印　　数：26001-46000 册

版　　次：2017 年 8 月第 1 版　　印　　次：2017 年 11 月第 3 次印刷

书　　号：ISBN 978-7-5597-0223-4

定　　价：45.00 元

让新手父母重新找回育儿的自信

　　《黄瑽宁医生陪你健康育儿》这本书，在台湾地区出版至今，一直都是育儿类书籍排行榜上的年度畅销书。很多新手父母在养儿育女的过程中，都会把这本工具书放在床头，当孩子出现不舒服的症状，顺手拿起来翻一翻，就可以获取实时的知识与安慰。他们也会买来送给身边的亲朋好友，帮助其他父母渡过育儿的难关。每次听到家长给我的这些回馈，除了感动之外，也多了一份责任心，驱使我更加努力地汲取新知，提供给所有的读者。

　　在当代中国，养儿育女有以下几个特点：

　　🌑 宝宝的主要照顾者常常不是年轻的父母自身，可能是保姆，也可能是老人。这些照顾者碰到问题时，通常不太会寻找信息，也不会上网，只能凭口耳相传的经验。而年轻父母虽然会通过上网或看书来搜寻大量的信息，却不知从何解读，也不知道信息正确与否，因此常常会误信谣言。

　　🌑 受少子化的影响，每个孩子都是宝，父母的焦虑指数反而直线上升。只要孩子有一点点毛病，就紧张得睡不着觉，频繁地求医，其实大部分时候都只是虚惊一场。

随着疫苗技术等公共卫生防控手段的进步，严重的儿童疾病越来越少，但过敏性体质与儿童心理问题引发的症状则大幅度上升。家长面临着新的小儿照护课题，例如关于对婴儿辅食的疑惑，小儿偏食、挑食、便秘等问题。

如果家长们已经厌倦了小儿卫教书籍里艰涩难懂的医学名词、各种各样的疾病名称，或者那些真假难辨的儿童医学信息——别担心！这本书将是您贴心的育儿手册。书中有很多插图，很多时候您只要翻看图片，就可以指引您找到所需要的信息页面。本书分为"迎接宝宝的诞生""宝宝常见的各项表征""宝宝发育正常吗？""宝宝怎么吃才健康？""孩子生病了！""三大过敏症"以及"黄医生的教养秘诀"七个部分，每一个章节都配有很多插图，帮您更快地找到所需要的答案。

在"孩子生病了！"这一章里，会介绍一些常见的儿童疾病。我特意略去许多疾病的细节，免得家长看得头昏脑涨。当下，儿科医生极为缺乏，带孩子看一次病往往要花上一整天的工夫。除了家长感到很累之外，医生也非常辛苦。这本书并不是要将父母们变成医学博士，而是希望父母们了解：什么样的病征是需要去找医生帮忙的；而什么样的病征只要在家观察照护就好。希望爸爸妈妈们在看完这本书之后，能够松一口气，告诉自己：原来，要保护孩子健康成长并不难！以后若又听闻危言耸听的报道，或者看见卖健康食品的广告，您就可以稳如泰山，不再轻易地被影响了！

轻松当爸妈，孩子更健康，让我们现在就开始吧！

目录

🍼第三章　宝宝发育正常吗?

🍼第四章　宝宝怎么吃才健康?

🍼 第五章 孩子生病了!

第 一 章

迎接宝宝的
诞生

在宝宝出生之前可以准备的东西:

婴儿床

婴儿澡盆

奶瓶

尿不湿 / 纸尿裤

安抚奶嘴

婴儿吸鼻器

电子肛门温度计、耳温枪或腋温计

婴儿前背带或背巾

提篮型婴儿安全座椅

婴儿车

产前准备

　　新手爸妈恭喜了！您现在的心情可能既兴奋又紧张，脑袋里也充满疑惑吧。亲戚朋友们都替你们高兴，并且七嘴八舌地告诉您该准备这个、准备那个，好像每一件事都很重要。上网一看，更是不得了，网友介绍的东西琳琅满目、五花八门，真不知该从何处下手。

　　别慌张，我在本书一开始就会给新手爸妈们列一张清单，让您在宝宝出生之前可以先替他准备几样基本的东西。

婴儿床

　　宝宝出生以后，几乎大部分时间都会躺在婴儿床上。因此一张好的婴儿床，对宝宝与父母都很重要。购买时要先想好将来婴儿床会摆在家里的哪个位置，量好长、宽、高，再去商场选购。婴儿床应该放在大人的床边，不只喂奶方便，也让宝宝能看见父母，培养安全感。阅读过各种心理学方面的研究成果之后，我已经不再建议妈妈让小婴儿自己睡在单独的房间了。

　　婴儿床的床栏间距应小于六厘米才算合格，若间距过宽，可能会发生宝宝的头卡在床栏的惨剧。一张合格的婴儿床，间距应该不会太宽，不过还是带一把卷尺去丈量一下比较安心。婴儿床垫如果是整套的，应该与床的内缘大小一致，才不至于产生过大的空隙；如果要另外购买婴儿床垫，必须与床的内缘尺寸相符，如果太小的话，宝宝的手脚可能会卡在床与床垫的缝隙之间。

不建议在婴儿床边使用海绵护栏，因为当宝宝躺着的时候，护栏会阻挡宝宝的视野，影响视力发育。其他挂在床边的玩具、蚊帐等，则可根据自己的需要购买。

婴儿澡盆

如果家里有非常干净的水槽，也可以取代婴儿澡盆。澡盆的选购以简单为主，重点是内外都要有防滑的设计，不需要太花哨。曾经就有标榜"多功能特别加盖"的澡盆造成婴儿夹伤的事件。

黄医生聊聊天

婴儿应该跟父母睡在同一个房间，还是不同的房间，专家之间时常产生意见分歧，让家长十分困惑。我的建议是：

🔵 还在追奶、频繁哺乳的妈妈，可以和婴儿睡在同一张床上，但必须确保床硬度适中，移除厚重棉被等会闷住宝宝口鼻的危险物品。

🔵 母婴同床的前提是：妈妈没有喝酒，没有吃药，没有精神疾病，不至于压到宝宝。母婴同床是为了哺乳方便。研究显示，爸爸与婴儿同床是比较危险的。

🔵 已经养成固定时间喝奶习惯的宝宝，就可以睡在自己的婴儿床上，但是应放在大人的房间里。

🔵 在宝宝三岁之前，我认为和妈妈同睡并不是坏事，还可以增进亲子感情，但是父母的睡眠质量也许会受影响，可以依照不同的家庭形态自主选择，不需要做太严格的规定。

奶瓶

奶瓶的种类五花八门，让新手爸妈很难选择。首先，要面临的问题是奶瓶的材质：要买玻璃的，还是塑料的？

玻璃奶瓶的好处是导热快，隔水加热或者用冷水冲凉的速度都比较快，并且不管是沸水消毒或者冲泡，都不用担心化学物质溶入奶水当中，比较健康。但是玻璃奶瓶有两个缺点：一是容易打破；二是比较重，出门携带时不方便。

塑料奶瓶则完全相反：材质轻，不易破碎，但是有化学物质渗入之虞。塑料瓶有 PC、PES、PPSU、silicone 等材质，若耐热温度越高（PC 最低，silicone 最高），则化学物质溶解的概率越低，理论上也是比较安全的。目前 PC 材质已经被证实会溶出较高的塑化剂，因此已经不建议使用。至于 silicone 材质的奶瓶，因为价格昂贵，市面上比较少见。

奶嘴的形状并不是很重要，但是孔洞最好先选小圆洞式，太大的孔洞容易让宝宝呛到，而且喝奶速度会太快。奶瓶口径有宽有窄，一般宽口径的奶瓶比较方便。至于防胀气、母乳实感、去舌苔等附加功能就不是很重要了。宝宝胀气与奶瓶并无直接关系，反而跟奶本身关联度比较大；舌苔也不是坏东西，没什么好去除的。简单地说，选择玻璃材质或者耐热度较高的塑料奶瓶，挑宽口径、小圆孔的，先买两个备用即可。当然，大家都会希望母乳源源不断，用不到奶瓶。

黄医生聊聊天

有研究指出，常见于奶瓶等塑料容器的化学物质双酚 A（BPA），会影响人体荷尔蒙（尤其是雌性激素）的分泌，导致青春期早熟以及过敏疾病，还会增加过动儿概率。所以，如果妈妈已经决定亲自喂奶，谁规定一定要买奶瓶呢？

尿不湿 / 纸尿裤

NB（New Born，指专给刚出生的宝宝使用的尺寸）的型号不用买太多，也许您的宝宝长得很快，NB 一下子就穿不下了。

安抚奶嘴

我不反对使用安抚奶嘴，它的好处除了安抚作用，还可以减少婴儿猝死症的概率。亲自哺乳的妈妈，专家建议哺乳模式已经建立完成时（大约是两周到一个月），再开始给宝宝用安抚奶嘴，以免影响宝宝吸吮乳头的动作。戒安抚奶嘴有两个时机：宝宝六个月的时候（趁宝宝还搞不清楚状况）；如果过了这个时间点，就只好等三岁的时候了。

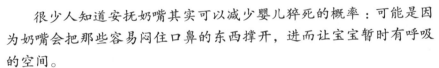

黄医生聊聊天

很少人知道安抚奶嘴其实可以减少婴儿猝死的概率：可能是因为奶嘴会把那些容易闷住口鼻的东西撑开，进而让宝宝暂时有呼吸的空间。

奶嘴虽然有安抚作用，但是当宝宝年龄接近四个月大时，可能会增加半夜啼哭的概率（因为安抚奶嘴掉了、半夜起来找不到而生气）。如果六个月长牙之后还戒不掉安抚奶嘴，则会增加蛀牙、鹅口疮、中耳炎等疾病发生的概率，所以六个月以后还是要尽快戒安抚奶嘴。万一错过了六个月这一时间点，戒奶嘴会越来越困难，如果家长真的狠不下心，我建议只好睁一只眼闭一只眼，让孩子吃到三岁再戒，并且改成拇指型奶嘴，相较于大圆形的奶嘴，拇指型奶嘴不太会造成大暴牙。

婴儿吸鼻器

宝宝出生后，医院通常会送妈妈一个吸鼻器，但这种吸鼻器因为不能清洗消毒，只能用几次。因此，可以先买一个简单的、可拆卸清洗的吸鼻器备用。

黄医生聊聊天

　　因为空气质量不佳的关系，现在的婴儿时常会在鼻腔堆积脏污，导致鼻塞或呼吸声嘈杂，因此吸鼻器对当代的父母来说格外重要。吸鼻器不论是电动或手动，都要把握一个重点：先彻底湿润宝宝鼻腔之后，再清鼻涕才有效果（详见第二章P30"鼻子与呼吸"）。

图1-1：吸鼻器
用简单的吸鼻器，脏鼻涕可以"只进不出"，非常方便。

电子肛门温度计、耳温枪或腋温计

　　耳温枪用在婴儿身上很方便，但不是很准确，常常一次量出好几个不同的温度。因此除了耳温枪，家中应再备一支电子肛门温度计或腋温计，肛温计在使用上比较麻烦，但想确定体温的时候还是用这种最准确。腋温计一样有不准确的问题，只能拿来参考。一般来说，腋温计的标准会比肛温的标准低1℃左右。不过，腋温计相对来说更实用。

婴儿前背带或背巾

　　网络上有很多妈妈在讨论，究竟是背带好用，还是背巾好用？虽然熟悉背巾使用方法的妈妈一致对背巾赞不绝口，但是根据我与家长聊天的经验显示，有些人还真的怎么都学不会，可能跟肩膀宽度有关。我建议购买之前，先借别人的宝宝背一背、练习一下，确定会使用之后再买。

提篮型婴儿安全座椅

　　很多家长都不买婴儿安全座椅，我很好奇，出院时他们的宝宝是怎么坐车回家的。要知道，抱着宝宝坐车是很危险的事情，不只是车祸，只要来个紧急刹车，都可能对宝宝造成难以挽回的伤害。车速只要达到每小时区区五十千米，发生车祸时就可能让孩子的头撞上仪表板或挡风玻璃，造成头骨受伤，甚至飞出窗外。而且使用汽车安全座椅也可以缓解孩子晕车的感觉，减少哭闹，避免影响驾驶情绪，所以这个钱绝对不要省。有些贴心的医院，会提供产妇出院时暂时性租借婴儿安全座椅的服务，让您先安心地回家后再选购。婴儿安全座椅的选择，将在第七章（P225）有专文介绍。

婴儿车

婴儿车选购的重点：第一，就一般人行道与路面状况而言，轻巧的婴儿车还是优于笨重的大型车；第二，尽量挑选能以一只手操控的婴儿车，这表示轮子设计良好；第三，对于适用于较大婴儿的坐式推车，五点式固定的设计会比三点式固定更安全。所谓五点式固定，就是有设计肩膀上、腰际、胯下共五条带子固定住宝宝的推车。

孕期接种疫苗

孕妇应接种的疫苗只有两种：流感疫苗与百日咳疫苗。建议如下：

孕期的任何阶段，只要到了每年的十月，都应该接种一剂流感疫苗。

百白破疫苗（严格来说，这是"破伤风—白喉—百日咳"疫苗）的建议接种时间则为第三孕期，约第二十七周至三十六周之间。

上述两种疫苗都属于自费疫苗，接种前需跟当地较具规模的大医院电话询问是否有这些疫苗。

婴儿用品清单

类别	名称	数量	备注
喝用	奶瓶	2个	决定坚持亲喂母乳者可暂时先不准备
	奶瓶刷	1个	
	奶嘴	2～3个	
	奶粉	1罐（袋）	
	擦奶巾	5～6块	
寝用	被子	3～4条	轻质
	婴儿床	1张	床栏间距应小于六厘米
	枕头	不需要	宝宝两岁前不需要枕头
穿用	自行决定		
尿用	尿不湿/纸尿裤	NB 1包	
	湿巾	1大包	无香精
洗用	毛巾	2～3条	
	婴儿澡盆	1个	防滑设计
	洗发精、沐浴露、爽身粉等	不需要	两岁前的宝宝肌肤很娇嫩，尽量用清水洗澡，减少化学物质的刺激。爽身粉则会刺激婴儿的呼吸道
外出	婴儿安全座椅	1个	（见本书P6～7详述）
	婴儿车	1辆	一只手可以轻松驾驭
其他	婴儿指甲钳	1个	
	电子肛门温度计或腋温计	1支	也可用来测洗澡水温
	吸鼻器	1个	

宝宝出生后

　　生完孩子的第一天，父母通常会很兴奋，小宝宝也特别乖，但新手妈妈可别高兴得太早。我建议此时应谢绝所有访客，关掉手机，除了喂奶之外，专心睡大觉，因为第二天过后，伤口疼痛，身体疲劳，还要喂奶，挑战才真正开始！

　　如果一切正常的话，顺产的宝宝观察两三天，剖腹产的宝宝一般观察四五天，之后就可以出院回家了。在住院期间，妈妈什么都不用想，只需专心喂奶与休息，其他的问题都交给家人和专业的医护人员照看即可。正确的哺乳姿势我将会在后面章节描述。刚出生的宝宝不是很漂亮，这点请家长不要担心，可以参考下一章节有关宝宝外观的描述。

新生儿代谢性疾病筛检

　　新生儿出生后三天，医生会给宝宝验足跟血，主要筛查苯丙酮尿症和先天性甲状腺功能低下这两个项目；也有些医院的检查范围更广，甚至可检验将近三十种不同的代谢性疾病。苯丙酮尿症和先天性甲状腺功能低下这两种疾病，如果不及时治疗，会对宝宝造成严重的伤害，导致宝宝出现生长发育障碍和智力低下等状况，但如果及早发现，就可以避免严重的后果。

如果家长希望知道宝宝的血型，要跟医生或护士说，并自费检验才能得知。三天后，若没有黄疸或其他问题，在您的宝宝打完卡介苗和乙肝疫苗后，就可以回家了。如果是早产儿，必须在体重达两千克，家长学会照顾技巧之后，才可以回家。

新生儿听力筛查

此项检查可以及早发现宝宝的听力问题，我大力推荐。大约每一千个宝宝当中就会有一个有听力障碍，如果听力检查没有通过，必须定期追踪，并及早请耳科听力专家做追踪治疗，以免错失黄金治疗期，影响日后语言及智力发展。

找一位适合的儿科医生

一位合适且能沟通的儿科医生，对宝宝的健康与家长的心情，是非常重要的。如何分辨谁是好的儿科医生呢？我认为有三个重要的指标：第一，问诊与身体检查要仔细；第二，不随便开药，或随便开抗生素；第三，愿意花时间解释病情或检查结果。

怎么才能知道医生身体检查是否仔细呢？告诉大家一个小秘诀，如果替婴儿看诊的时候，会细心地把尿布解开检查的医生，就算是符合仔细这一条件了。至于开药的内容，看看药单的项目，一般不要超过七种，若是药物能控制在四种之内，可以算是非常高明的儿科医生。最后一项，清楚解释病情，则要看医生与家长之间是否有"默契"；至少，家长要听得懂医生讲的话，沟通顺畅，而医生也肯花时间解释到让您大致了解状况，这才算良好的沟通。有关与医生达到良好沟通的"三勿四要"，请看本书最后一章（P247）。

疫苗接种

宝宝出生之后，最令人困扰的事还包括烦琐的疫苗免疫接种。家长应在宝宝出生一个月内到户口所在地或居住地的接种单位办理预防接种证。下一节我会向父母们简单介绍各种免费疫苗（第一类疫苗）与自费疫苗（第二类疫苗）的重要性。

疫苗接种

在没有疫苗的年代，人类遇上比较顽固的细菌或病毒，就只能靠自身抵抗力来对付。打赢了，就活下来；打输了，就导致残疾或死亡。这就是为什么古时候的人生孩子都要生一窝的缘故，因为你永远不知道最后会活下来几个。

现在已经进入二十一世纪，孩子生得少，每一个都是宝，我们可以不再让孩子面临祖先的困境。通过接种疫苗，使宝宝体内产生特异性抗体来对付比较凶猛的细菌与病毒，并且产生群体保护，这是利己又利人的好事。

儿童需要接种的疫苗分"第一类疫苗"和"第二类疫苗"两种。第一类疫苗，是指纳入国家免疫规划、由政府免费向公民提供的疫苗，属于免费疫苗，每一个宝宝出生后都必须进行接种。这类疫苗所针对的传染病，都是传染性极强、致死率和致残率极高的。如果控制不好，蔓延开来，会带来极大伤害，所以具有强制性。如果没有完成接种，可能会影响宝宝的入托、入园或入学。

第二类疫苗，即自费疫苗，虽然要花点钱去接种，但在有些国家或地区，这些疫苗很多也都已经被纳入政府规定的免费疫苗名单。从儿科医生的角度来看，打疫苗就像是买保险，买的保险越多，虽然钱花得越多，然而要是真正遇上意外时，这点钱就算不上什么了。以下我就挑选四种我认为非常重要的自费疫苗，强烈建议父母带孩子接种。

小儿肺炎球菌结合疫苗、五联疫苗和HIB疫苗（b型流感嗜血杆菌疫苗）

五联疫苗就包含了HIB的成分，这两种疫苗二选一就可以了。小儿肺炎球菌结合疫苗和五联疫苗这两种疫苗，在美国、欧洲以及中国台湾地区，都已被列入公费疫苗，表示其重要性真的不可忽视！肺炎球菌和HIB是小儿呼吸道、肺部以及脑部感染的两大凶手，造成的疾病包括中耳炎、鼻窦炎、严重的肺炎甚至脑膜炎。如果这两种疫苗都接种，基本上就把上述的严重疾病的发生概率降低百分之九十，即便择一接种，都可以有效减少一半的罹病概率。这两种疫苗不只降低严重疾病的发生率，也可以有效地减少儿童在五岁之前对抗生素的使用，进而降低抗药性细菌的产生。

小儿七价（或十三价）肺炎球菌结合疫苗，与五联疫苗（或HIB疫苗）的接种时程非常类似，原则上都是六个月之前接种三针，一岁时接种第四针。如果想省一点经费，六个月之前可以只打两针，然后直接等一岁补第三针，加起来有三针的保护力，基本上也很不错了。如果您的孩子一岁了，现在才知道有这两种疫苗，那么肺炎球菌疫苗只需要接种两针，HIB疫苗只需要接种一针。

打了五联疫苗，就不需要HIB疫苗。所谓的五联疫苗就是预防"百日咳、白喉、破伤风、b型流感嗜血杆菌以及脊髓灰质炎"五种疾病。如果这五种疾病的疫苗都分开接种，两岁之前的孩子会打到十一剂（八针加上三剂口服），但是如果改用五联疫苗，就只需要四针，减少了许多折腾。

有些家长会选择到香港打自费疫苗，可能还找得到六联疫苗（六合一疫苗），也就是一针即可预防上述的五种疾病加上乙型肝炎，可以再替宝宝省下三针。香港还有最新的小儿十三价肺炎球菌结合疫苗，保护力比七价疫苗更为广泛。

有关这些疫苗的时程如何搭配，可参考本节最后的表格。

流感疫苗

如果说肺炎球菌和 HIB 是儿童细菌感染的两大魔王，那么流感病毒就是儿童病毒感染的恐怖分子，而且病毒和细菌还会互相增强毒性，所以流感疫苗绝对是入冬前不可少的保护措施。

七个月以上的宝宝就已经可以接种流感疫苗，每年接种一次，第一年要接种两剂（间隔一个月）。尤其是早产、患有哮喘或抵抗能力较差的宝宝，一旦流感肆虐，很容易患病或诱发、加重旧病，更应考虑接种流感疫苗。

从 2012 年开始，美国疫苗咨询协会已经解除鸡蛋过敏体质的人不能接种流感疫苗的禁忌，也就是说，对鸡蛋过敏的人是可以接种流感疫苗的，只是接种后要在医院观察三十分钟。

轮状病毒疫苗

如果您的宝宝曾经因为呕吐或腹泻而求医，应该对"轮状病毒"这个名词不陌生。轮状病毒感染每年造成全世界 50 万个婴幼儿死亡，尤其是在中低收入的落后国家。轮状病毒的传染力极强，抵抗力强的宝宝也许呕吐腹泻两三天就能康复，但住院与死亡的病例也为数不少。

中国有自己生产的轮状病毒疫苗，两个月以上的宝宝就可以服用（口服），每年一次。国外的轮状病毒疫苗限制在八个月前接种完毕，因为超过这个年龄之后，轮状病毒疫苗会增加患上一种叫作"肠套叠"疾病副作用的风险。我认为，国内的疫苗也尽量不要等宝宝满八个月之后服用，也就是说出生两个月到八个月之间吃一次就好，比较令人安心，个人意见给大家做个参考。

手足口疫苗

不得不说，这是中国内地的妈妈们的福音，因为这种新型手足口疫苗，目前只有内地打得到，全世界其他地方都还在研发中。所谓的手足口疫苗，严格来说应该命名为"肠病毒 71 型疫苗"，因为这支自费的疫苗，只能预防肠病毒 71 型的感染，也就是说宝宝打完疫苗，还是会因为受到其他种类的肠病毒感染而患上手足口病的。

但因为众多手足口病之中，只有肠病毒 71 型会有致命危险，因此这支疫苗是可以保命的，应该要接种。

选择自费疫苗顺序

其他二类自费疫苗，如水痘疫苗，家长就自己掂掂荷包，如果经济条件许可，当然也可以接种。我只是要提醒各位，选择自费疫苗绝对不是挑比较便宜的项目来接种，应该要问的问题是：哪一种疾病致死率高？哪一种疫苗对孩子健康的帮助比较大？比如说水痘病毒，大部分患病的儿童都可以自行痊愈，不是一个死亡率很高的疾病，就可以选择放在第二顺位来接种。因此，我前面所介绍的五种疫苗，家长们可以先选择小儿七价（或十三价）肺炎球菌结合疫苗和五联疫苗（或 HIB 疫苗），再选择手足口疫苗（EV71），再选择轮状病毒疫苗，再来流感疫苗，然后选择其他，这样的顺序才比较合理。

有关疫苗注射的常见疑问

疫苗接种后会不会发烧？

疫苗接种后是否会发烧，和疫苗的种类及孩子的体质有关系。若是接种后有发热，一般温度不会太高，通常是在 38℃上下，不需要任何处理就会自行恢复。如果发现孩子高烧且身体不适，或者发烧超过一天，通常都不是疫苗造成的，需就医寻找其他的病因。

另外必须要注意的是，麻风（麻疹、风疹）二联疫苗和麻腮风（麻疹、腮腺炎、风疹）疫苗，这两种都是减毒活疫苗，打完不会立刻发烧，而是一周之后才会发烧，这一点很多人不知道。

疫苗可不可以一起打?

当然可以！而且还好处多多。如果两三针一起打，免疫效果一样可以达到，这是第一个好处；宝宝不用频繁地跑医院或诊所，减少被感染的概率，这是第二个好处；要痛就一次痛完，不要让宝宝不断地经历上医院的痛苦，这是第三个好处。如果都按照 P18 表中所列的时程进行，包括自费疫苗在内，同一个时段最多只需打四针，其实也没有很多。我自己的孩子打疫苗，都是同时三四针一起接种的，没有什么问题。

生病可不可以打疫苗?

除非是发烧或者有急性症状的孩子不能打疫苗之外，其他状况都可以打疫苗。过敏性鼻炎，当然可以打；小感冒，当然也可以打；中耳积水，也可以打。总之时间到了，没有发烧，大致上都可以放心地接种疫苗。

哪些情况不宜注射疫苗?

每一种疫苗的禁忌都有些许不同，但最一致与普遍的禁忌是：处于高热或急性传染病发病期的宝宝应延缓接种。一般的小伤风感冒则不在此限。

若宝宝有免疫缺陷疾病，家长要先提醒医生，因为某些活性疫苗是不能使用的，比如说水痘疫苗。有严重疾病史、过敏史等等也应先告知负责注射疫苗的医生。

非法疫苗未经严格冷链存储，我很担心怎么办?

虽然非法疫苗的奸商行径令人憎恶，但以医学的角度来说，若不幸接种到未经严格冷链存储的疫苗，最大的影响只是"疫苗无效"，并不会增加过敏或副作用的概率。国家卫生计生委已经出台新规，第二类疫苗由省级疾控机构集中采购，接种单位不得直接向疫苗生产企业购买第二类疫苗。这一规定应该可以解决第二类疫苗流通混乱的问题。

黄医生聊聊天

为什么现在的孩子发烧已经不太会"烧坏脑袋"了呢?

还记得小的时候,我走在街上,偶尔会见到拄着拐杖的叔叔阿姨,他们对我微笑,我却失礼地问妈妈:"他们怎么了,为什么跛脚?"

在更早的年代,孩子生病发烧,家长不是害怕烧坏脑子,就是担忧变成小儿麻痹症患者。而现在的我们不再恐惧,因为会"烧坏脑子"的麻疹病毒、乙脑病毒、流脑细菌、肺炎球菌、b型流感嗜血杆菌等通通都有疫苗可以预防了。今天我的孩子如果接种了这些疫苗,当他发高烧的时候,只需要让他多喝水、多休息,不必跪在床边祈祷他不要被这些恐怖的细菌病毒感染。珍贵的大脑,是孩子要使用一辈子的。

当然,我知道疫苗很贵,但如果经济负担得起,这笔钱,绝对比一条生命轻许多。

疫苗免疫程序时间表

疫苗名称	年（月）龄													
	0月龄	1月龄	2月龄	3月龄	4月龄	5月龄	6月龄	8月龄	12月龄	18~24月	2周岁	3周岁	4周岁	6周岁
乙肝疫苗	√	√					√							
卡介苗	√													
脊灰疫苗			√	√	√								√	
百白破疫苗				√	√	√				√				白破疫苗√
麻风（麻疹、风疹）二联疫苗								√						
麻腮风（麻疹、腮腺炎、风疹）疫苗										√				
乙脑灭活疫苗　择一接种								√（间隔一周）√			√			√
乙脑减毒活疫苗								√		√				
A群流脑疫苗							√（间隔三个月）√		√			√(A+C)		√(A+C)
甲肝灭活疫苗　择一接种										√	√			
甲肝减毒活疫苗										√				
小儿七价/十三价肺炎球菌结合疫苗			这段时间接种二或三针√√√，互相间隔两个月					√						
HIB疫苗/五联疫苗			这段时间接种二或三针√√√，互相间隔两个月							√				
手足口疫苗(EV71)							√							
流感疫苗			每年入冬之前一剂，第一次接种要两剂（间隔一个月）											
轮状病毒疫苗			√											

（说明："√"代表一剂次）

第二章

宝宝常见的
各项表征

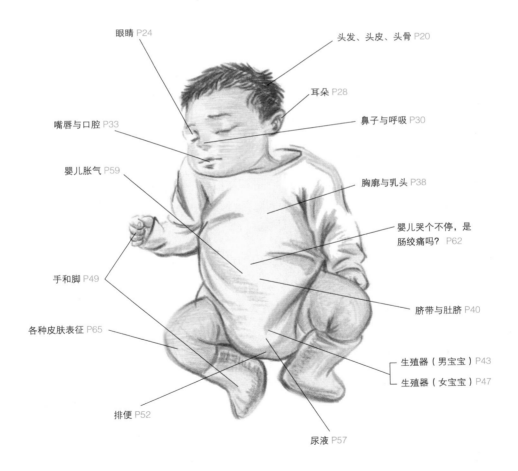

头骨　头发、头皮、

囟门凸出或凹陷

　　摸到宝宝的头，第一个令人担心的就是那头盖骨上松松软软的"囟门"。看过武侠小说的爸爸妈妈，免不了想起梅超风的九阴白骨爪，搞得大家都不敢碰宝宝的脑袋瓜。其实不必担心，婴儿头颅上的囟门，覆盖着坚韧的纤维膜，能够保护宝宝的脑袋瓜，所以再怎么用手指头戳，也不可能戳破啦！（请勿真的尝试，虽然戳不破，还是会痛的。）

　　有些父母很用心，在网上看到"囟门凸出可能是脑压升高"这类说法，又或者看到"囟门凹陷要小心脱水"，一摸之下囟门若有似无，急急忙忙就送医院。这里告诉大家，很多宝宝躺着的时候囟门摸起来都会凸凸的，这不是脑压高，是正常的现象；脑压高至少要合并呕吐、眼睛转动异常、头围变大等迹象，不会只有单纯的囟门凸出而已。

　　还有一些宝宝头骨长得又硬又厚，囟门被埋在底下，摸起来好像陷下去一般，被误认为是脱水。其实真正的脱水也要合并精神不济、小便减少等症状，切忌杯弓蛇影哦！其他囟门的问题可以在打预防针的时候询问儿科医生。至于什么时候属于紧急状况，请看后述之"送医的时机"。

脂漏性皮炎

我平均每看一次门诊至少要被问五次："医生啊，头上那个黄黄油油的'痂皮'，怎么抠都抠不完，好不容易抠掉又会冒出来，怎么办？"看着宝宝的头皮被抠成红红一片，真是惨不忍睹！各位家长，头皮上的痂皮，叫作"婴儿脂漏性皮炎"，20％的正常宝宝都有这个小毛病哦！婴儿脂漏性皮炎大约在两个月到六个月大的时候出现，除了头皮上有，眉毛上也常常发生。之后就会渐渐消失了。

这些油油的痂皮，是来自妈妈的雌性激素刺激宝宝的皮脂腺过度分泌所导致的。有些宝宝的痂皮长得非常夸张，多到整个头皮像是戴了一顶油油的安全帽，即便是这种状况，依然不要紧，只要用清水按摩冲洗，到了六个月大时自然会脱落哦！如果家长爱漂亮，看到宝宝的头皮这样很难受，可以涂抹低剂量的类固醇药膏，一周之后，症状就会减轻。

婴儿枕秃

天啊，宝宝怎么才出生没多久就开始掉头发了呢？有些妈妈会抱怨："一定是因为仰睡，头皮一直磨擦，才把头发都磨掉了！"或者是看到网络上说："婴儿枕秃是缺钙！要补钙！"不，这些都是错误的观念。婴儿枕秃是一种正常的现象，因为新生儿的头发新陈代谢快，第一批头发很快就会脱落，所以才有婴儿暂时秃头的现象，等第二批头发长出来以后，就不会再秃头啦！

肿瘤？淋巴结？

摸摸宝宝的后脑勺，咦，怎么有一两颗圆圆的、有点弹性、揉它会动来动去、黄豆大小的"肿瘤"？放心，这不是肿瘤，这是正常的"淋巴结"。

宝宝的皮下组织里藏了好几百颗淋巴结，用来保护他们不受感染。刚出生的时候，淋巴结可能摸不太到，等到宝宝几个月大时，会有几颗淋巴结越来越大，直到学龄年纪都还摸得到。

除了后脑勺，还有哪些地方摸得到淋巴结呢？包括耳朵后面、脖子、腋下，都是家长们会摸到淋巴结的地方。这些淋巴结只要符合四个条件：质地软有弹性、有滑动感、小于1.5厘米、按压不会痛，就可以安心观察，但切忌一天到晚去搓揉它们。

婴儿扁头或歪头

有些宝宝出生两个月后，头有点变形，"看起来扁扁或歪歪的"。一问之下，发现宝宝睡觉老是倒向同一侧，久而久之，头就变形了。

宝宝头部可塑性的最佳时机是在出生后六个月内，之后渐渐硬化，等宝宝两岁以后，就很难再改变了。所以爸爸妈妈可以帮忙在宝宝六个月内矫正他的头型，怎么做呢？如果宝宝喜欢歪向左边，就让他躺下的左侧面向墙壁，并且将一切有趣的玩具、铃铛，都放在右边。亲戚朋友如果想跟宝宝互动玩耍，也都要从右边接近他。经此调整，假以时日，就可以慢慢将头型矫正回来。网络上有一些矫正头型的安全帽，或者矫正头型的枕头，其实都没有医学依据能证明其效果，甚至还有可能造成婴儿窒息的风险，还是小心一点比较好。

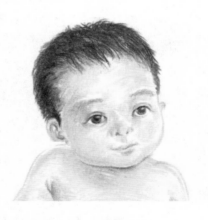

如果宝宝罹患的是"先天性斜颈症"，那不管怎么矫正都是无效的，需要进一步治疗才会痊愈。如果您在宝宝的脖子上摸到一条硬邦邦的肌肉（尤其是头歪的那一侧颈部），表示可能是真正有问题的先天性斜颈，应尽早就医。

图2-1：先天性斜颈症
宝宝脖子上有一条硬邦邦的肌肉（尤其是头歪的那一侧颈部），可能就是"先天性斜颈症"，需要进一步治疗才会痊愈，应尽早就医。

最后，有些宝宝出生时有头皮血肿，或者头皮水肿的现象，这些都要经过好几个月才会消失。其中，头皮血肿有时会先慢慢钙化变硬，将近一年多之后才恢复正常形状，家长不用紧张，要耐心等待。

送医的时机

- 宝宝的囟门本来已经缩小，突然又开始越变越大。
- 宝宝三天内曾撞到头，一直呕吐，而且囟门摸起来又凸又硬。
- 新生儿头皮血肿越来越大，瘀血肿到耳朵后面，要马上送医。

眼睛

视力

新生儿除了光线，什么也看不见，约一个月之后才稍微看得见东西，这时候眼睛可以跟着物体移动。两个月大的时候，宝宝可以看到眼前约二十厘米的事物，眼前二十厘米之外则是模糊的，此时也可看到光线及简单形象，会特别喜欢玩手，注意会闪闪发光的东西。四到六个月的时候视力约为 0.1，看到东西时已经会想要伸手去抓。之后手眼协调性不断进步，到三四岁时就可达到成人的视力了。

眼白出血

新生儿在眼白的地方有时候会有小小的出血，这是生产过程挤压所造成的，大约两到三周就会消失。

黄疸的婴儿则会在眼白的部位看到黄黄的颜色，尤其是喝母乳的孩子更为明显，颜色会残留超过一个月。要注意的是，通过看眼白的颜色深浅来判断黄疸值是不准确的，必须由有经验的医生护士来评估，或是抽血检验才准确。

图 2-2：新生儿结膜下出血
宝宝在眼白的地方有时会有小小
出血，此为生产过程挤压所致，
大约两到三周就会消失。

分泌物

"我的宝宝常常眼泪汪汪的，或者有很多分泌物，从出生起就是这样，这是怎么回事呢？"

别担心，这是鼻泪管阻塞的缘故。我们来看看图 2-3，小宝宝的眼泪从眼睛外侧上缘的泪腺分泌出来，然后流过眼球表面，从鼻子旁边的鼻泪管流进鼻腔。然而许多新生儿的鼻泪管没有完全打开，导致"下水道水管不通"，需要一段时间才会完全通畅。

那要如何让鼻泪管早日打开呢？可以每天帮宝宝做鼻泪管按摩，在鼻子上端两翼的地方，用大人的食指由上往下按压疏通。90％的宝宝在八个月大之前就不再眼泪汪汪了，但如果一岁后仍然不通，就必须请眼科医生帮忙喽！

如果真的有细菌性结膜炎，眼白的部分会泛红，分泌物会非常多，甚至流脓，此时应赶快带孩子去医院检查与治疗。

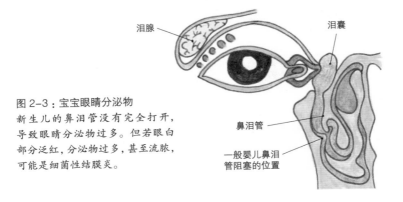

泪腺　泪囊

鼻泪管

一般婴儿鼻泪管阻塞的位置

图 2-3：宝宝眼睛分泌物
新生儿的鼻泪管没有完全打开，
导致眼睛分泌物过多。但若眼白
部分泛红，分泌物过多，甚至流脓，
可能是细菌性结膜炎。

25

假性斜视

"宝宝有斗鸡眼或斜视吗？"东方小孩在婴儿时期常被误会有这两个问题。东方人的双眼眼距较宽，尤其在婴儿时期最为明显。眼白的地方如果被鼻梁旁边的眼皮盖住，看起来就好像斗鸡眼一样；宝宝如果左看右看，也容易被误会为有斜视，但这些都是宝宝正常的"假性斜视"。那要如何判断呢？简单的方法就是在两米左右的距离之外，拿手机对宝宝使用闪光灯拍照（请放心，绝对不会有问题），如果反光点都落在两眼对称的位置（比如说都落在瞳孔正中央），那么就不用担心喽！

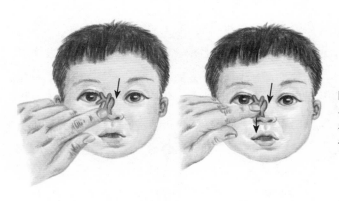

图 2-4：鼻泪管阻塞
鼻泪管按摩方式是在鼻子上端两翼的地方，用大人的食指由上往下按压疏通。

图 2-5：婴儿假性斜视
在两米左右的距离之外，拿手机对宝宝使用闪光灯拍照，如果反光点都落在两眼对称的位置（例如都落在瞳孔正中央），那么就不用担心喽！顺带一提，如果发现左右眼反光颜色始终不同，某只眼睛总是灰蒙蒙的，要尽快找医生检查一下（可能是罕见肿瘤）。

图2-6：新生儿眼睛感染
淋病双球菌
出生后不久，眼睛开始流
脓，必须尽快就医。

送医的时机

- 出生后不久，眼睛开始流脓。
- 六个月大的婴儿，眼神仍游移不定，无法定睛看人。
- 其他明显的眼睛不正常现象。

耳朵

不必清除耳屎

关于宝宝的耳朵，我最常被问到的问题就是："医生，到底要不要帮宝宝清除耳屎？"我的回答是："不用。"那耳屎这么多，如果塞住怎么办？别担心，耳屎多了自然会掉出来，不用刻意去掏。那中耳炎呢？哦！别想太多了，中耳炎和耳屎一点儿关系也没有（在第五章，我会针对中耳炎作详细描述）。

大部分妈妈帮宝宝掏耳屎的结果，都是把耳屎推得更深，或者伤了耳道，造成宝宝外耳发炎，得不偿失。更何况，耳屎是人类耳道最好的驱虫剂，清除之后，虫子还更容易跑进去，何必呢？

淋巴结

在前面章节关于宝宝头皮的部分，我提到过淋巴结这个组织，在宝宝的耳朵后面也会有，是圆圆软软、摸起来有点弹性的东西。这是正常的，不用管它。

黄医生聊聊天

很多家长都误以为耳屎不掏干净会引起感染，其实常常掏耳朵反而容易增加外耳感染的概率。至于中耳炎，则跟耳屎一点关系也没有哦！

耳前瘘管感染

有些宝宝有耳前瘘管，就是耳朵前面的皮肤上有个小小的洞，这也是很常见的问题。绝大部分的耳前瘘管都没有症状，没有症状的耳前瘘管就不需要开刀，除非有细菌感染、化脓溃烂，才需要治疗。要怎么预防瘘管感染呢？首先，不可以拿牙签或棉花棒等尖物去挖它；其次，不要刻意去挤压它。有耳前瘘管的宝宝，建议家长关注一下听力检查结果，有少部分宝宝会合并听力障碍。

送医的时机

- 耳朵一直有东西流出来。
- 小宝宝一直摸同一侧耳朵，并且哭闹。
- 耳前瘘管化脓。

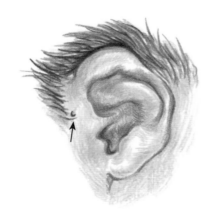

图 2-7：耳前瘘管
耳朵前面的皮肤上有个小小的洞，就是耳前瘘管。耳前瘘管除非有细菌感染、化脓溃烂，才需要治疗。

鼻子与呼吸

呼吸急促又大声

　　新生儿的呼吸次数每分钟约 40～60 下，比大人快很多。因此，要分辨宝宝是否呼吸急促，不能计算呼吸次数，而是要看呼吸是否费力。费力与否的指标有两个：第一，是肋骨凹陷；第二，是发出唉哼声。如果有这两种情况，就要立刻送医急救，千万不要延误。至于有些宝宝呼吸时偶尔会憋气或大力地呼吸两三下，这些都是正常的举动，无须担心。

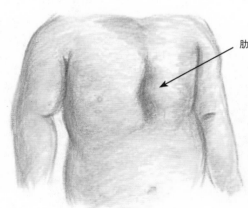

肋骨凹陷处

图 2-8：呼吸困难导致肋骨凹陷
宝宝呼吸时若出现肋骨凹陷或发出唉哼声，应立刻送医急救，千万不要延误。但是一般来说，肋骨凹陷不会单独出现，锁骨上窝、肋骨间隙、胸骨上窝的三凹陷同时出现才是吸气性呼吸困难。

呼吸声音大

另外一个常见的毛病，就是很多妈妈跟我抱怨："医生，宝宝呼吸声很大，鼻塞，有痰音，大老远都听得见！"真的好多人都有这个问题啊！其实婴儿呼吸声音大，有痰音，是因为鼻腔里分泌物多，或者堆积了脏东西。婴儿的鼻道本来就很狭窄，都市空气中看不见的灰尘又很多，导致鼻腔分泌物增加，再加上婴儿吞咽口水或分泌物的功能还不是很健全，造成鼻腔常常像淹水一样，稀里呼噜的。这种呼吸声很大的婴儿，只要活力佳，食欲不受影响，生长发育没有问题，加上睡眠也很好，就无须担心。

如果这样还不放心，来，教大家一些解决的方法：第一，如果家中有抽烟的人，请戒烟并处理掉各种在屋内燃烧的东西，比如说蚊香；第二，使用空气净化器使灰尘减少；第三，每天一到两次，用母乳（或生理食盐水）滴一两滴到宝宝的鼻孔里面，让他打个小喷嚏，揉一揉鼻子，等一分钟后鼻腔湿润了，再用吸鼻器清理鼻孔里的分泌物或脏东西。

吸鼻器可以买婴儿专用的、最简单的那种，软头可伸进鼻孔里的，便宜又好用。滴母乳到鼻孔里是我老师的秘方，非常有效，不妨试试看，反正有益无害。有些妈妈会问我："要不要帮宝宝拍痰？"答案是："没有用啦！不要再拍了。"

先天性喉喘鸣：喉软骨软化阻塞呼吸

有些宝宝呼吸声音很大，是来自先天性喉喘鸣。先天性喉喘鸣是新生儿先天性喉部异常最常见的疾病，顾名思义就是喉部的构造较软，所以呼吸的时候结构会塌陷造成部分阻塞。这是一种先天性的结构不成熟，跟妈妈怀孕时缺钙无关，跟宝宝出生后缺钙也无关。

此病的特征是吸气时特别大声，呼噜呼噜的，更严重的病征是随时呼吸声都很大。先天性喉喘鸣虽然是先天性疾病，但并非一出生即出现症状，可能会在出生一周后或一个月后呼吸声才渐渐变大，通常在二至四个月时最厉害，也最吵。

31

先天性喉喘鸣要开刀吗？也不见得。如果孩子喝奶量正常，睡眠正常，体重有所增加，就不必特别担忧，一岁之前就会自己好起来。如果孩子的软喉症已经严重到影响喝奶和成长，可做激光喉上整形术（戏称"烤鱿鱼手术"），效果相当不错，也不用挨刀子。

黄医生聊聊天

所谓的激光喉上整形术，就是把软趴趴的喉部构造，比如说会厌软骨，用激光烤一烤。各位都看过软趴趴的生鱿鱼，经过一番火烤，鱿鱼就会慢慢翘起来，也变得较为坚硬，这就是为什么我们戏称这一手术为"烤鱿鱼"的理由。

送医的时机

- 婴儿不只呼吸大声，且合并精神不佳、肋骨凹陷、发烧等急性症状。
- 喝奶时鼻子完全塞住，需多次换气才能喝完，而且嘴唇会发紫。

嘴唇与口腔

上唇干涩

宝宝出生以后，不管是喝母乳还是吸奶瓶，都会摩擦到上唇，产生有点干的痂皮。请放心，这是正常的，并不是脱水哦。

舌系带

不知道为什么，家长很喜欢帮宝宝剪舌系带。就我所听到的理由，几乎都是因为怕以后会"发音不标准"。这里存在一个很大的误区。

事实上，所有"发音不标准"的孩子当中，只有 1.1% 左右是跟舌系带有关，而且只会影响卷舌音，不会影响其他发音。

基本上，妈妈们只要看到宝宝的舌头可以舔到自己的下嘴唇，可以正常吸奶，没有呈现"莲花舌"（即舌系带太短，舌头呈 W 型），就不需要让宝宝挨一刀，这是我的良心建议。套一句网络名言：剪舌系带宝宝会痛，只是宝宝不说。

上唇系带

最近还有人流行给宝宝剪"上唇系带",实在是很无聊。目前没有任何医学标准显示婴儿有"上唇系带太短"的问题,所以,请不要被误导了。

在牙科领域,虽有针对上唇系带的手术,但必须结合以下三个条件:第一,恒齿门牙完整地长出来;第二,上唇系带会拉扯上唇内侧黏膜至受伤或缺血变白的程度;第三,门牙间距过大。

如果六岁之后恒齿长出,有上述三个条件,才需要手术。

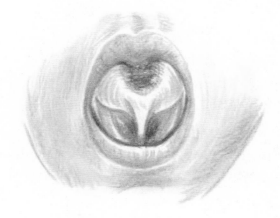

图 2-9:舌系带太短之莲花舌
宝宝的舌头舔不到下嘴唇,即呈现"莲花舌",舌头呈 W 型,并且宝宝无法正常吸奶,才表示舌系带太短。

口腔白点与鹅口疮

现在的家长很厉害,总是非常仔细地检查宝宝的嘴巴,有时候会看到一些很小很小的白色斑点。放心,这些小白点不是肠病毒,只是正常婴儿口腔里会有的珍珠斑(Epstein pearls),长在宝宝的上颌;或者是邦氏斑(Bohn's nodules),长在牙龈上。不用理会这些白点,将来自然会消失哦!

真正需要处理的是鹅口疮。鹅口疮是婴儿口腔念珠菌感染,可以看到小婴儿脸颊的内侧黏膜上有白色不规则的斑块。怎么分辨这些白斑是鹅口疮还是奶块呢?方法一:如果能用汤匙或手轻轻刮掉的,就是奶块;如果刮不掉,或者刮掉后就流血了,那就是念珠菌感染。方法二:通常念珠菌不会"只"长在舌头上,如果您的孩子只有舌头是白的,其他黏膜都正常,那应该只是奶块，没有念珠菌。

　　念珠菌是一种霉菌，本来就存在于宝宝的口腔内，与小宝宝和平共处。如果宝宝吸奶时摩擦到奶瓶，或者平常吮吸奶嘴造成摩擦，轻微地刮伤口腔黏膜，念珠菌就会滋生在这些微小的伤口上。鹅口疮会痛，所以如果鹅口疮严重的话，宝宝会食欲不振，甚至哭闹不安。

图 2-10：婴儿口腔之珍珠斑
宝宝的嘴巴上颌有时会有一些很小的白色斑点，这不是肠病毒，是正常婴儿口腔里会有的珍珠斑。

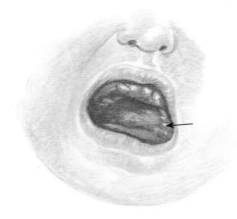

图 2-11：婴儿口腔之邦氏斑
邦氏斑是长在牙龈上的小白点。
不用担心，将来自然会消失哦！

鹅口疮的照护重点

　　🌙 擦抗霉菌药物：使用制霉菌素（Nystatin 或 Mycostatin）药物，一天擦四次。怎么擦呢？在孩子喝完奶之后，用棉棒（或用纱布包着手指头）沾取后直接涂抹在念珠菌上。之所以在喝完奶后使用，是因为我们希望药物能停留在病灶上久一点，而不被奶水冲掉。擦一个礼拜的药，或者擦到白白的斑块消失后整整三天，才可以停药。如果您是喂母乳，在您的乳头周围也要擦药哦！

　　🌙 改变喂奶习惯：喂快一点，不要让一餐拖延超过 20 分钟。喂太久会使黏膜不断摩擦而刮伤，让念珠菌有机可乘。

🐚 改用杯喂奶：如果被念珠菌感染的地方很痛，让宝宝哭闹不肯喝奶，可以改用杯喂，就不会摩擦到病灶。

🐚 换新奶嘴：如果反复感染念珠菌的话，请换一个新的奶嘴——一种不容易刮伤黏膜的奶嘴。安抚奶嘴最好戒掉，非用不可的话则尽量只在睡前需要安抚时使用。

🐚 每天消毒奶嘴或安抚奶嘴：必须浸泡在55℃的水中15分钟以上，才能杀死念珠菌。

🐚 注意尿布皮炎：有口腔念珠菌者，屁股也可能患上念珠菌感染的尿布皮炎。如果同时也发现有尿布皮炎，一般的药膏是无效的，应改擦抗霉菌药膏（如克霉唑乳膏，即 Clotrimazole）才有疗效。

如果擦药都擦不好，请赶快就医，让医生判断是否有别的问题。

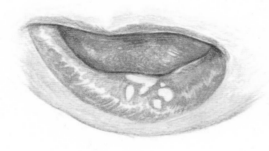

图 2-12：婴儿鹅口疮
念珠菌感染的鹅口疮是分布在宝宝脸颊内侧黏膜或者嘴唇内侧黏膜的白色不规则斑块。

长牙

有些宝宝出生就有新生儿齿，或叫作胎生齿，发生率约千分之一。这些胎生齿如果发生摇晃，就要请医生拔除，以免有一天掉进气管造成窒息。

乳牙在宝宝出生时就已经在牙床里发育完成，因此"长牙"只是时间的问题。宝宝大约六个月大时会开始长牙，有时候提早，或者延后到一岁才长牙，都算是正常的，家长无须过于担心。

虽然钙质是骨骼及牙齿发育的必备元素，然而只要营养摄取均衡，宝宝的生长发育正常，就没有钙质缺乏之虞。反之，如果过量添加钙片，会使过多不必要的钙质经肾脏排出，增加肾结石的概率。

　　还有一个跟口腔相关、需顺带一提的错误观念是："婴儿长牙与发烧有关！"刚刚提到，长牙约在六个月大左右，这个时候来自妈妈的抗体正在逐渐消失，宝宝的抵抗力开始减弱，所以有些病毒感染就容易在这个年龄发生，进而引起发烧，这跟长牙一点关系也没有。认为发烧与长牙有关的妈妈会给宝宝冰敷牙齿，唉，没有帮助啦！还是给医生看一下有没有哪里感染才是对的。

送医的时机

　　🍼 宝宝唇色发紫。

乳头肿块

"哎呀！刚出生的宝宝的乳头怎么会肿肿的，好像有硬块？"出现这种现象，是因为妈妈的雌性激素刺激宝宝的乳头造成的哦！乳头的肿块可能持续二到四周（喂母乳的宝宝可能持续更久），而且两边也许不对称，这都是正常的。不要去挤压它们，免得增加感染概率。

顺带一提，小女孩在一至三岁前后，也偶尔会出现乳头下有硬块的状况，但只要没有合并其他早熟的第二性征出现，也几乎都是正常的，数月之后会自行消失。

胸廓形状

妈妈们对于宝宝胸廓的形状总是很在意。常见的状况包括：剑突太尖、漏斗胸、鸡胸，或者是两边的肋骨比较尖。这些都是正常的表现，不用做手术，长大以后胸肌变得比较结实，就看不到了。

有些罕见的病例，如漏斗胸太严重，影响到心肺功能，那也是三岁以后才需要外科处理，不会在婴儿期的时候开刀。

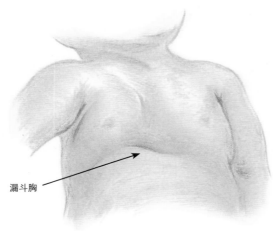

图2-13：漏斗胸
漏斗胸若严重到会影响心肺功能，
三岁以后才需要外科处理，不会
在婴儿期的时候开刀。

漏斗胸

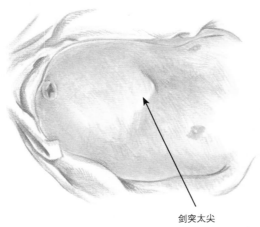

图2-14：剑突太尖
剑突太尖是正常现象，不用手术，
长大以后胸肌变得比较结实，就
看不到了。

剑突太尖

送医的时机

🦢 乳头红肿严重，宝宝哭闹不安，摸了会痛，这些表示受到了感染。

脐带与肚脐

脐带未脱落

小小一个脐带，常常是新手爸妈紧张情绪的来源：有人担心脐带一直都没有脱落，有人则担心肚脐有分泌物，甚至有血丝。不管碰到什么状况，我在这里教大家两个诀窍，就是：保持干燥，持续消毒。

现在的医疗环境如此发达，加上大部分父母照顾的质量都很高，宝宝会发生脐带感染的概率真的非常低。如果脐带感染细菌，肚脐周围一定又红又肿，宝宝也会又哭又闹，可能还会发烧。因此，少许的分泌物，或者一点点血丝，都不是真正的感染，也不用害怕，只要"保持干燥，持续消毒"就可以了。

如果希望脐带早日脱落，记得包尿布的时候把尿布稍微反折，露出脐带的部位，"保持通风"之后会脱落得比较快。如果包了纱布，记得不要太厚，稍微覆盖一两层即可。脐带掉一半的时候，也不用刻意去拔它，"保持干燥，持续消毒"，很快就会掉下来了。

脐带脱落之后，有些宝宝会有脐息肉，还是老话一句：保持干燥，持续消毒。不用马上去医院。除非等到两个月大的时候，脐息肉还有分泌物，才需考虑是否到医院用硝酸银烧灼愈合。

脐疝

　　到了两个月大的时候，有些宝宝的肚脐会膨起好大一个球，看起来很恐怖。这叫作"脐疝"。跟其他疝气不同的是，它完全不用开刀。脐疝的形成是因为宝宝的左右腹肌还没有闭合，中间有缝隙让肚子里的东西鼓起（没错，可能会有小肠在里面）。幸运的是，这里的组织充满弹性，小肠并不会卡死，所以非常安全，并不用手术。

　　脐疝大部分在一岁左右会消失。有些老人家用铜板贴胶布盖住脐疝的位置，"眼不见为净"，千万别这么做，若引起湿疹反而得不偿失。

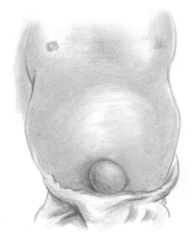

图 2-15：脐疝
肚脐如气球般膨胀即为"脐疝"，脐疝的形成是因为宝宝的左右腹肌还没有闭合，中间有缝隙让肚子里的东西鼓起。

图 2-16：真正的脐带发炎
宝宝的肚脐周围"红肿半径大于两厘米"，并有肚脐分泌物，即为脐带发炎。

送医的时机

   🔗 肚脐周围"红肿半径大于两厘米"，宝宝因疼痛而哭闹或发烧。

   🔗 肚脐分泌物有"屎味"或"尿臊味"，可能是不正常的脐茸或脐漏。

生殖器（男宝宝）

学会分辨腹股沟疝气

判断男宝宝的生殖器健康与否，最重要的就是要看睾丸是否降下来，不过这很不容易分辨，还是让专业的儿科医生摸摸看才知道。

我认为，爸爸妈妈要学会的，应该是分辨腹股沟疝气。婴儿腹股沟疝气的形成，是因为用力大哭使腹腔产生压力，将宝宝的小肠推入腹股沟管。腹股沟管的位置是在生殖器根部的左上方与右上方的三角区，宝宝大哭的时候会鼓起来，摸上去硬硬的，严重时小肠甚至会滑进阴囊，导致阴囊也肿起来，像香肠一样。

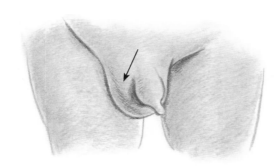

图 2-17：婴儿腹股沟疝气
腹股沟管的位置是在生殖器根部的左上方与右上方的三角区，若发现单侧甚至两侧的三角区隆起，导致阴囊肿起，即婴儿腹股沟疝气。

因此，如果宝宝非常用力地哭闹，记得打开尿布检查一下；如果爸爸妈妈看到单侧甚至两侧的三角区隆起，摸起来硬硬的，加上宝宝一直哭闹、腹胀及呕吐，就应该赶快就医动手术，以免小肠坏死。

阴囊水肿

至于另一个很容易与疝气搞混的，就是阴囊水肿。阴囊水肿在一岁之前会反复发作，也就是阴囊会忽大忽小，这些都是正常的。大部分阴囊水肿在一岁以前会消失，不需要手术，也不会影响功能。

如果不确定到底是阴囊水肿还是疝气，我想，还是带宝宝去看看儿科医生比较放心。

到底要不要割包皮？

最后我要讨论的就是"割包皮"这个问题。在考虑给您的孩子割包皮之前，先问问自己，因为什么理由要割包皮？是因为包茎，还是怕感染？

现在的儿科医生都知道，每天在包皮上涂抹类固醇（激素）药膏，不出数周，有85％的宝宝的包茎就开了，根本不需要手术。过去传统的观念是，若看到宝宝尿尿的时候，包皮会像吹气球一样膨胀，这种严重的包茎才需要动刀。其实就算是这种包茎，也可以先试着用擦药的方式来解决，若无效再考虑手术割除。

有人认为割包皮可以预防包皮龟头炎，其实最常引起包皮龟头炎的原因是家长在帮宝宝洗澡的时候，很用力地将包皮推到底来清洗。每次当我看到这样的宝宝，心里都不禁大喊："天啊，好痛！"这是非常错误的做法，常常会造成宝宝包皮的撕裂伤与发炎。正确清洗宝宝生殖器的方法，只需轻轻地将包皮推到稍微有点阻力的位置，然后用清水冲洗就可以了。这样就算不割包皮，也不会发炎。

至于为了防止尿道感染而割包皮，只对六个月以下的婴儿有帮助，然而六个月以下的婴儿，发生尿道感染的概率只有不到1％，相当低。也有人指出割包皮可预防未来得性病的概率，但这么做只能减少梅毒和疱疹的概率，相反，却比较容易受淋病和披衣菌感染，还不如戴安全套。

割包皮有什么坏处？包括可能的术后感染、术后出血、尿道口发炎、尿道口狭窄、皮下肉芽肿、龟头炎、包皮环状狭窄、伤口组织粘连等等。另外，有些医生不小心割了包皮之后才发现宝宝有尿道下裂，必须用包皮来补，彼时却已无皮可用，后悔莫及。因此，我个人认为，婴儿时期割包皮绝对不是必要的手术，请家长做决定的时候要慎重考虑。

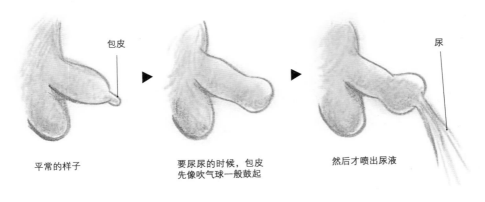

包皮

尿

平常的样子

要尿尿的时候，包皮
先像吹气球一般鼓起

然后才喷出尿液

图 2-18：需要用类固醇（激素）药膏涂抹包皮的包茎

送医的时机

🐚 单侧或双侧睾丸根本摸不到。

🐚 单侧或两侧的三角区隆起，摸起来硬硬的，而且腹部鼓起，宝宝哭闹呕吐，可能是疝气合并肠阻塞，须紧急手术。

🐚 尿道的开口不在阴茎的最顶端，而是在阴茎的下缘。

黄医生聊聊天

　　婴儿割包皮还有一个负面影响，就是宝宝会痛，只是宝宝不说，内心却在淌血。不要以为小婴儿没有痛觉，虽然他将来可能不记得，但是这些疼痛却在出生后不久就给宝宝的大脑一个不好的刺激！

生殖器（女宝宝）

阴唇与处女膜肿大、假性月经

关于女宝宝生殖器的疑问就单纯许多，而且都跟妈妈的雌性激素有关。常见的有三个症状：第一，宝宝阴唇肿大；第二，宝宝阴道口有个粉红色的凸起，那是处女膜肿大；第三，假性月经。

阴唇肿大和处女膜肿大，最多可持续二到四周，直到妈妈的雌性激素消退为止。很多人不晓得阴道口的小肉芽其实就是处女膜。至于假性月经，则常常吓坏了新手爸妈们。假性月经一般发生在出生后五到七天，同样是因为雌性激素的关系，导致宝宝会有阴道出血以及分泌物，这些出血及分泌物应该在两三天之后就会减少，如果还是持续增加的话，就要到医院检查一下。

送医的时机

　　❧ 出现阴道出血以及分泌物超过三天以上。

黄医师聊聊天

　　当我还是菜鸟住院医师的时候，就曾经误诊一名女婴的假性月经，以为是血尿。到现在想起这件事，我还是觉得很糗，真丢脸！

手
和
脚

正常的肌肉震颤？不正常的抽搐？

宝宝的手脚不自主地抖动时，家长时常会担心孩子是否在抽搐。别紧张！几乎所有的抖动都是正常的"肌肉震颤"（jittery 或 jitteriness）。在家里怎么分辨肌肉震颤与抽搐呢？很简单，可以握住宝宝正在抖动的手或脚，让肢体弯曲，然后感受一下宝宝的肌肉是否继续跳动。如果弯曲之后，您感受不到任何规律性的肌肉跳动，那么就只是单纯的肌肉震颤，可以放心了。如果弯曲之后，您的手还是可以感受到宝宝的肌肉在跳动，而且是有规律地抽一下、抽一下，那就属于不正常的抽搐，必须赶快就医检查。

一般肌肉震颤常发生在宝宝受到惊吓，或者伸懒腰等动作时，抖动时会有对称现象（就是左右手一起，或左右脚一起），眼睛不会往左或往右不正常地歪斜，这些都可以当作观察时的辅助。

手脚冰凉？

父母常常很怕宝宝着凉，摸摸小手小脚，觉得冰冰的，就拼命添加衣服。事实上，宝宝的手脚有时候会凉凉的，是因为他们的交感神经协调还不成熟，四肢的血管发生收缩而导致的。这时候拼命加衣服，反而让宝宝热得半死，一直冒汗，还会长湿疹。

宝宝该穿多少衣服呢？很简单！看看自己穿几件衣服，宝宝也就穿几件衣服，不用多也不用少！

先天性髋关节脱位

细心的妈妈上网看到"先天性髋关节脱位"这个疾病，紧张地将宝宝的大腿翻起来看，咦，好像左右大腿的褶皱真的不一样多耶！哎呀，怎么办？别担心，先天性髋关节脱位这个疾病不只是看褶皱而已，还要合并其他症状。约25%的宝宝因为长得胖的缘故，大腿褶皱比较多，难免不对称，这是很常见的事。

您可以进一步将宝宝大腿往外侧张开（也就是摆成M字腿），如果两条大腿张开的角度是对称的，那就是正常的。如果在M字腿的状况下，一条腿可以几乎贴近水平，另一条腿却不能，那么才有可能是真正的髋关节脱位，需要带到医院做检查。

O型腿

至于小腿的部分，O型腿是常被问到的问题。宝宝的O型腿是正常的形状，这是因为胎儿在妈妈的肚子里通常是呈"交叉腿"的姿势，所以造成小腿骨稍微弯曲。O型腿会持续到一两岁，等孩子开始走路之后会慢慢伸直。

足内翻或外翻

同样的，宝宝的脚掌在妈妈的子宫里也被挤压得很厉害，因此出生时脚常常呈现"足内翻""足外翻"，甚至"上下乱翻"的状态，这也很常见。并不是所有足内、足外翻都要复位。这里教大家一个简单的分辨方法：让宝宝的脚掌自由地扭动，如果内翻或外翻的脚可以轻松地扭到正常姿势，那就表示没问题；相反的，如果脚掌转动很费力，关节很紧，无法扭到正常姿势，那就要提早进行复位。

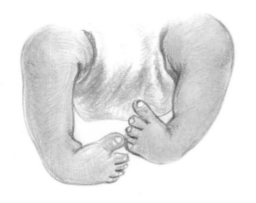

图 2-19：可能只是正常的足内翻
宝宝的脚掌可自由地扭动，不论内翻或外翻的脚皆可轻松地扭到正常姿势，就是正常的。

脚指头

最后来看看脚指头，第一件事就是数数看脚指头的数目是否正确。有些妈妈会发现宝宝的脚指头会"叠"在旁边的脚指头上，或者特别短一点，这些都是轻微的异常，将来并不会影响走路。脚指甲因为很软，所以看起来好像长到肉里，其实不会的，那只是贴着皮肤，可以等宝宝睡着的时候替他修剪，或者不理它也没关系。

送医的时机

🍼 帮宝宝换尿布的时候，发现一条腿不太活动，而且宝宝因为疼痛而哭闹，此时可能是髋关节细菌感染，需立刻就医。

🍼 宝宝不是肌肉震颤，而是不正常地抽搐。

🍼 宝宝 M 字腿时角度不对称。

🍼 脚掌翻不到正常姿势。

排便

便便的颜色

刚出生的宝宝排出的都是黑色的胎便，直到出生后三四天颜色才会转黄或转绿。粪便的颜色与胆汁的量、肠道的细菌还有摄入的食物都有关系，因此随着年龄或饮食的改变，颜色可能一下子转黄一下子转绿，这都是正常的。一般来说，喂母乳的宝宝粪便以黄色居多，而喂配方奶的孩子则以绿色为主。

婴儿粪便不正常的颜色是"灰色"和"带血丝"，这两种颜色出现的话，要给医生检查一下。如果连续几次出现灰灰白白的不正常颜色的粪便，就要立即就医，以排除胆道闭锁等必须紧急手术的急症。

便便的形状

喂母乳的宝宝，大便一直都会黄黄稀稀的。很多妈妈误以为宝宝拉肚子而就医，如果不是专业的儿科医生，也许会当作腹泻来处理，白紧张一场。

要怎么分辨是正常的"母乳便"，还是腹泻呢？请记住下列三个原则：第一，没有血丝或黏液；第二，屁股没有尿布皮炎；第三，宝宝食欲很好，体重正常增加。若符合上述三个状况，那么稀稀糊糊的粪便绝对是健康的"母乳便"，完全不用担心。

母乳便是宝宝正常吸收后的"产物"，无刺激性，所以不易产生尿布皮炎，更不会有血丝黏液在其中，宝宝看起来肚子也没有不舒服，食欲好得不得了；反之，若是腹泻，宝宝应该会有腹胀、食欲不振甚至发烧的情形，粪便里可能出现血丝与黏液，刺激宝宝稚嫩的皮肤，红屁屁就会跑出来。

有些宝宝吃配方奶会导致粪便太硬，也就是便秘的问题。说到便秘，很多家长带宝宝到医院，以为宝宝有便秘，却常常只是误会一场。什么症状才是真正的便秘呢？第一，大便时会痛、会哭，甚至流血；第二，粪便太硬，用力挤十分钟以上还是出不来；第三，超过三天才排一次便，而且很硬。以上这三种状况，就是真正有问题的便秘。

至于不算是便秘的状况，比如说喝母乳的宝宝超过三天排一次便，甚至七八天才排一次，但只要排出来的是软便，就不算便秘。另外有些宝宝，大便时脸红脖子粗，家长误以为是排便不顺。其实，只要粪便是软的，宝宝没有大哭，就算粪便很粗，量很多，也都是正常的现象，不用来看医生哦！

如何处理便秘？

知道宝宝有便秘之后，很多妈妈第一句话就问："哪个牌子的奶粉比较不会便秘？"有些商店老板会建议 A 牌，另一位则建议 B 牌，听多了您也会觉得好笑，因为常常听到完全不同的答案。

事实上，什么牌子都不重要，也不可以擅自更改奶粉浓度，泡淡、泡浓，都不正确。究竟应该怎么帮助便秘的宝宝比较好呢？我在这里给家长一些建议。

六个月以下的宝宝便秘，如果可以喂母乳，就尽量喂，因为喝配方奶比较容易便秘。如果已经在喝配方奶了，又没有母乳可用，可以在正常的喂食以外，给宝宝喝一些水（一天约 60～120 毫升）。注意，这些水不要和正餐一起喂食，最好是分开喂比较好，这样才不会影响热量摄取。如果超过两天没有大便，可以用涂抹凡士林的肛门温度计（肛表），刺激宝宝的肛门口，尽量让宝宝每天都排便。

六个月以上的宝宝便秘，就应该开始将配方奶慢慢减量，增加辅食的量。请记住：牛奶通常是造成便秘的元凶。很多宝宝因为辅食吃不好，一直以配方奶为主食，这样便秘就永远都治不好。辅食每天至少两次，必须含有纤维素高的水果泥、蔬菜泥。蔬菜量要够多，不可以只有一小片菜叶，至少要 20 克以上。蔬菜可以用果汁机打烂，并且避免添加纤维太粗、打不烂的菜梗。

至于水果，要挑选纤维素含量高的，如猕猴桃、柳橙、木瓜、水梨、葡萄、李子、桃子等等。番石榴、香蕉与苹果这三种水果，纤维素含量不高，帮助不大；但是非常非常熟的香蕉，含有大量的益生质（又称益生元），也可以考虑。辅食当中一定要包括糙米稀饭或糙米糊，尽量不要使用白米。糙米是最好的"益生质"；很多妈妈只知道吃益生菌，却不知道若是没有"益生质"，益生菌很快就死光光了，效果将大打折扣。

宝宝吃了纤维素，就要适度补充油脂，让纤维可以保持润滑与水分。不管是橄榄油、麻油还是牛油，总之要"加油"。果汁没有了水果纤维，对便秘都不是很有效，除非您把水果纤维都打进去。（有关便秘的详细介绍，请看第五章 P181）

至于软便剂，只能是紧急情况下暂时用来缓解便秘的症状，以及去除肛裂的恐惧感的，如果同时依上述建议改变饮食之后，就不应该再一直吃药了。益生菌虽然有帮助，但仍要配合"益生质"的摄取，就是刚才所提到的糙米或者全麦面包等，否则光靠益生菌，有时效果不明显。

唯一要注意的是，若宝宝便秘多日，突然转成腹泻，腹泻后又便秘，周而复始，加上肚子圆鼓鼓的，要小心先天性巨结肠，请让有经验的儿科医生给宝宝做进一步的检查。如果宝宝的辅食吃得不错，记得要另外补充水分，直到宝宝的大便变软为止。

黄医生聊聊天

很多家长因为宠溺孩子，喝奶老是戒不掉，结果便秘就越来越严重。孩子因为排便会疼痛，就更不肯排便；不肯排便，粪便就更干更硬，症状又再度恶化，这是最糟糕的恶性循环。切记，便秘的处理越早越好，绝对不要拖延，别以为长大就会改善，不会的。根据研究表明，幼儿期出现便秘的孩子，长大后演变成慢性便秘的概率非常高，大肠的环境也变得十分恶劣，生长发育会受到影响。痛定思痛，拿出做父母的威严，给孩子正确的食物，拒绝过量的牛奶，才是真正的解决之道！

便便的次数

到底宝宝应该几天排一次便，或者一天排几次便才正常呢？我的答案是，只要颜色正常，形状是软便，宝宝食欲佳，好几天排一次都没关系！尤其是吃母乳的宝宝，前两个月可能一天排好几次便（一吃就排），然而到了后来，反而变成好几天排一次。我自己曾见过的最高纪录甚至间隔二十天，排出来的粪便又多又糊，放心，这是正常的现象！

不管次数多寡，只要符合"颜色正常、形状正常、食欲正常"这三个重要的指标，加上体重有逐渐增加，就完全不需要吃药，也不用担心会有什么问题。

送医的时机

  ✎ 检查一下宝宝是否真的有"肛门"，也许粪便不是从肛门，而是从瘘管处渗出，这种情况时常发生在患了"无肛症"的婴儿身上。

   ✎ 宝宝有腹胀、食欲不振或发烧的情形，粪便出现血丝或黏液。

   ✎ 便秘多日，突然转成腹泻，腹泻后又便秘，周而复始，要小心"先天性巨结肠"。

尿液

"天啊，血尿！"每次有新生儿的妈妈这样惊呼，我只想到两个状况：第一，假性月经；第二，结晶尿。假性月经在上文女宝宝生殖器的部分我已经提过了，至于结晶尿则是另一个很常见的"误会"。

血尿？结晶尿？

结晶尿的颜色是橘红色的，可多可少，量少时只有一个小红点，量多时可能弄到整个尿布出现好几条橘色的区域。这种橘红色里的成分是"尿酸"，当宝宝水分不足，尤其是刚出生一周，妈妈的奶水还不是很多的时候，就会有此现象。更有大至两三个月的宝宝，如果突然食欲不佳，喝奶量大减时，也有可能会再次发生。但是男宝宝如果已经好几个月大了还有这种红色的点点，要小心可能是妈妈用力推包皮清洗造成的包皮出血，不是结晶尿。

如果有结晶尿，该怎么办呢？放心，结晶尿不等于"脱水"，只是水分摄入不足，妈妈只要加紧脚步继续喂奶即可。如果宝宝合并黄疸、精神不佳、眼泪很少、排尿不足等症状，这时候可能才真的是脱水，要快快送医。

什么状况下表明宝宝尿量不足呢？简单的原则为：出生三天要尿三次，四天尿四次，五天尿五次，六天以上尿布要每天更换超过六次，而且这六次的尿布应该有点重量，一点点渗尿的这种不算。

送医的时机

  💠 宝宝超过八小时没解尿，精神看起来很萎靡。

婴儿胀气

每当看到网络上有许多妈妈在询问："宝宝胀气怎么办？"我总是非常头疼。这个问题绝非三言两语可以解决，更不可能草率回答"婴儿按摩"或是"涂胀气膏"就可以搞定。

正常鼓胀

首先，请爸爸妈妈先不要担心，认清一个事实：婴儿吃饱后肚子看起来鼓鼓胀胀，是很正常的。

隔着一只手，轻轻敲打宝宝的肚子，你会听到像打鼓一样"咚咚咚"的声音，这不是胀气，只是正常的"气体"。宝宝的胃肠道里面气体很多，主要有两个来源：一是嘴巴吞入的空气，二是奶水消化后产生的气体。想想看，宝宝时不时就莫名其妙地啼哭，吞进去的空气当然也不少，如果我们又在宝宝大哭后急急忙忙地喂奶，不难想象这些吞入的气体，一定连同奶水被一并送到小肠里啦！事实上，在宝宝进行 X 光检查之后，多而均匀的"肠气"，反而是医生判定宝宝健康的指标；若是肠子里没有半点气体，可能是生病的不良征兆。

你也许会说："黄医生，真正令我担心的不是气体，而是宝宝的肚子在喝完奶之后，胀得就像吞了一颗橄榄球似的，怎么会这么夸张？"没错，就是这么夸张。要知道我们成人的腹部肌肉有好多层，努力锻炼会有八块腹肌，没有锻炼也有一块大肥肉，坚固的包覆让腹腔的压力不会轻易把肚皮推出来。然而婴儿没有练过仰卧起坐、俯卧撑，腹部的肌肉还很稚嫩，根本撑不住腹腔的压力。所以宝宝吃饱之后肚子就鼓得像一个大球，排便排气之后又整个"消风"，变回扁扁的样子，当然再自然不过了。

"可是黄医生，宝宝排便的时候脸都会涨红，还会大哭，然后噼里啪啦放了一堆屁，这样难道不是胀气吗？"答案是：不一定。很多宝宝排气的时候都会吓一大跳，或是局促不安，但是"完事"之后，又恢复安稳平静的状态，这真的没什么。就像大人在排便之前，肠子蠕动时多少会令人感觉到些许不适，但"噗噗"几下之后，就浑身舒畅了，这难道有什么不对吗？没有的。

所以"咚咚咚"的声音也不是因为胀气，"橄榄球肚皮"也不是因为胀气，放屁大哭也不是因为胀气，剩下有问题的状况就不多了。我必须说，甚至连"婴儿肠绞痛"都不见得是胀气造成的，反而是因为频繁的哭闹导致吞太多空气入肚，才让肚子看起来鼓鼓胀胀的。换句话说，那些空气是哭闹的"结果"，而不是不舒服的"原因"。

下列四个指标是宝宝"正常胀气"的指标：一，食欲正常；二，活力正常；三，排便正常；四，没有尿布皮炎。如果您的宝宝符合上述四项，那么真的不需要整天都帮宝宝按摩肚皮、做脚踏车运动、擦胀气膏、左侧躺右侧躺、换奶粉、换奶瓶、拍嗝拍到手抽筋……大可省下这些焦虑与担忧，享受家中有个大肚子的健康宝宝的快乐。

造成宝宝不舒服的胀气

反之，某些身体的不适，会让宝宝食欲减退、频繁呕吐、活力下降、腹泻或便秘、尿布皮炎严重，此时的"胀气"，才需要医生好好评估。然而同样的道理，如果这些令人担忧的症状又合并胀气出现，光是换成防胀气奶瓶，或是涂抹胀气膏，一样无法解决根本性的问题。

根本性的问题是什么呢？最常见的情形还是奶水消化不良。对于哺喂母乳的妈妈，我会试着调整她们的饮食，引导她们吃健康天然的食物，禁绝一切零食、饮料、补品以及中西药物。天然食物当中除了带壳海鲜比较容易造成宝宝不适，其他东西基本上都还算安全。妈妈吃得天然而且均衡，母乳中影响宝宝胃肠道的成分就少，消化不良的情形也就迎刃而解。

　　如果是配方奶宝宝，问题就有点麻烦了。大部分的配方奶宝宝若有腹胀、呕吐、轻微腹泻或便秘、尿布皮炎等问题，常常是牛奶蛋白不适应（或称过敏）所造成的。这样的情形通常不会在宝宝刚出生的时候就发生，而是喂奶到一个多月后才慢慢形成不适应的体质。此时正值宝宝一个多月大，可用的成语就叫作"骑虎难下"，因为妈妈如果一开始就放弃哺喂母乳，此时母乳应该也已经退光光，想改回喝母奶也已经错失良机了。

　　既然是对牛奶蛋白不适应，那么换任何品牌大概也没什么差别，因为所有的配方奶都是牛奶蛋白制成的。嘿，那换羊奶粉如何？可能也没用，因为牛奶蛋白过敏者通常对羊奶蛋白也过敏。此时有些折中的选择，比如说换水解蛋白奶粉可以稍微减缓一下症状，严重者必须改用婴儿豆奶，或者高度水解（全水解）蛋白奶粉。不管换什么奶，撑到四个月之后，赶快把辅食导入宝宝的饮食中，减少对牛奶的依赖，就可以渐渐接轨到均衡的营养喂养。（有关辅食的添加方式，请见第四章P118）

　　吃了辅食之后，有些宝宝也会胀气或腹泻，问题就可能是出在淀粉类以及水果上。不过别担心，这两类食物虽然容易因发酵而胀气，让宝宝胃肠道暂时不适应，但减量之后喂食，通常都还是可以接受的。

　　其他造成急性胀气的疾病包括感染症、肠阻塞、肠疝气、肠穿孔等，生这些病的宝宝绝对不会只有胀气一个症状而已，一定是肚子鼓鼓的，加上病恹恹的样子，如果有这样的情形，尽快送儿科急诊就对了。

送医的时机

　　🐚 宝宝肚子鼓胀、食欲不振，精神看起来很萎靡。

婴儿哭个不停，是肠绞痛吗？

　　三个月以下的宝宝哭闹不停，常常会被认为得了"婴儿肠绞痛"。但是这个疾病的名称其实是很模糊的，很有可能这些哭闹和胃肠道并没有直接关系。

哭泣时的正常表现

　　事实上，根本没有人知道婴儿在哭什么，只知道大约有10％的婴儿都曾经有过此经验。虽然宝宝一直哭，却不是因为饿了，也没有发烧，好像也没有哪里痛。因为小婴儿在哭的时候腹部的肌肉绷得很紧，脚踢得厉害，每个人都觉得"看起来"像是肠胃绞痛，所以就有人发明"婴儿肠绞痛"这个诊断结果。

　　但是仔细想想，婴儿的腹部肌肉绷得很紧、用力踢腿，都只是正常哭泣时的表现。婴儿肚子大大的，拍起来"咚咚"作响，是因为哭久了会吞很多空气进去，而不是因为胀气才哭，也绝对不是拍嗝没拍彻底。

　　有研究指出，许多例婴儿肠绞痛跟肚子痛一点关系也没有，只是一种焦虑的表现，这就是为什么当宝宝哭累了、睡饱了，醒来后奶水依然照喝不误。高焦虑性格的母亲，从产前超声波检查就可以侦测到胎儿在肚子里常常哭，出生之后当然继续爱哭，情绪较难以抚慰。所以，婴儿肠绞痛并不是很正确的命名，因为很多婴儿的哭闹，不见得是肠胃不适所造成的。

但毋庸讳言，有另外一半的婴儿肠绞痛，的确是跟肠胃不适有关，所以婴儿肠绞痛应该要先分辨是"心病"还是"肠胃病"。

心情不好造成的婴儿肠绞痛

心理原因造成的婴儿肠绞痛常有的表现是：

- 无缘无故地哭闹不休。
- 一天总要哭个一两次。
- 吃得很饱了还在哭。
- 一哭就哭个一两小时，没停过。
- 哭累的中场休息时间，婴儿看起来健康得很。
- 抱抱通常可以让他稍微停止一下。
- 一个月大左右时发生，三个月大以后就停止（但也有比较晚发生的）。

当您碰到自己的孩子哭闹不休时，国外有一位儿科医生哈维·卡尔普（Harvey Karp），发明了"五步"妙招安抚宝宝，实际运用时还颇有效果，大家可以试试看：

第一步：包（Swaddling），用包巾紧紧包住。

第二步：摇（Swinging），像跳华尔兹般缓慢摇晃，千万不要高频率拍打，或是用力抖动。请记住，您越紧张，宝宝越感到焦虑。

第三步：吸（Sucking），让宝宝有东西可以吸。亲喂最棒，奶嘴次之。

第四步：侧（Side / Stomach Position），让宝宝侧身躺在爸妈的怀里。

第五步：声（Shushing Sounds），将收音机调到没对到频道的白噪音，或是打开吸尘器、吹风机、除湿机等制造杂音。听说这样做，会让宝宝以为是回到子宫里所听见的声音。

其他预防的方法，包括不要让宝宝在白天睡太久。婴儿肠绞痛通常在晚上开始，闹到三更半夜，弄得全家人鸡犬不宁，隔天大家累得要死去上班的时候，宝宝就在家里补眠。这是多么残忍的事啊！所以请在白天把宝宝摇醒，不要让他睡超过三小时的午觉，其他时间要喂奶也好，玩耍也好，把他逗累了，晚上大家就可以睡久一点。

肠胃不适造成的婴儿肠绞痛

不过的确有部分哭闹的婴儿，真的是胃肠出了问题，可能会合并食欲不佳、腹胀、轻度腹泻或便秘等。如果有这样的情况，哺喂母乳的妈妈，请吃健康天然的食物，禁绝一切零食、饮料（包括咖啡与茶）、乳制品、带壳海鲜、补品以及中西药物（比照上节"婴儿胀气"同样的建议）。配方奶宝宝的家长则请求助于您的儿科医生。

若是心理焦虑引起的哭闹，没有药物证明对婴儿肠绞痛有效。但若是肠胃不适引起的哭闹，倒是有一种罗伊氏乳杆菌（L.reuteri），是目前在临床试验中被报道可减少肠绞痛症状的。目前市面上此菌还有滴剂的形式，对婴儿来说使用十分方便，而对于早产儿，其使用的安全性也已被证实，大家可以买来试试看。

送医的时机

 如果孩子哭闹超过两小时，完全没有停过，或者上述的安抚方法都无效。

 有其他症状如发烧、疝气、发炎、脱臼等。

各
种
皮
肤
表
征

　　婴儿稚嫩的皮肤会出现很多小毛病，虽然大部分并无大碍，然而因为毛病表征变化多端，有些很难单纯用文字表达。本节的前半段我挑选了几个属于正常现象，且容易分辨的表征介绍给家长们；后半段则介绍一些不正常的皮肤问题，包括异位性皮炎、尿布皮炎与黄疸。

脱皮

　　刚出生的宝宝的皮肤大概在第二周左右会开始看起来很干燥或者脱皮，这是正常的现象，无须过于担心。

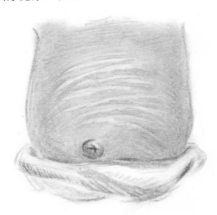

图 2-20：婴儿正常脱皮

痘痘

　　大约30％的新生儿，在出生三到四周后，会开始长痘痘。没错，这种痘痘就像是青春期的小孩会冒出来的那样，外表是小小的红红的丘疹，有时候也会有脓包。

　　这些痘痘源自于妈妈的雌性激素刺激，因此会反反复复地长出来，直到宝宝约四到六个月大为止。如果出现了，不需要擦任何药，妈妈也不要再给宝宝擦婴儿油，否则状况会恶化得更严重。

图2-21：婴儿长痘痘
部分新生儿在出生三到四周后，会开始长痘痘。外表是小小的、红红的丘疹，有时候也会有脓包。

口水疹

　　口水疹长在宝宝的嘴巴周围，这应该是不需要特别解释的了。什么样的宝宝最容易有口水疹？就是容易溢奶的宝宝，因为宝宝的口水里有些逆流出来的食物残渣或胃酸，会刺激皮肤造成发炎。

　　口水疹没有什么特别有效的预防方法，只能尽量在宝宝每次有口水时用清水擦拭，不过应该永远擦不完，所以操作上会有点困难。有些人用羊脂膏涂抹在宝宝嘴巴周围，是值得一试的方法，因其主要的原理是"隔绝口水与皮肤的接触"，所以每次擦完嘴就应该要再涂抹一次。如果口水疹有改善，还是要继续擦拭、保护，否则很快会复发。还有一个重点，就是安抚奶嘴如果不戒掉，口水疹恐怕很难痊愈。

　　另一个很容易与口水疹搞混的，就是嘴巴旁边的热疹。嘴巴旁边的热疹只有亲喂母乳的宝宝会出现。天气热时，妈妈的乳房与宝宝的嘴巴密切接触后，使得宝宝嘴巴周围皮肤非常潮湿。建议有这种状况的妈妈，只要在喂奶时开冷气就可以了。

热疹（痱子）

热疹在夏天也是很常见的问题，常常长在宝宝胖胖的下巴与胸膛之间，或者任何会流汗的地方及皮肤褶皱处。长辈照顾婴儿有一个共同的特性，就是很怕宝宝着凉，总是给宝宝一层又一层地包着衣服或包巾，生怕有任何地方让风灌了进去。帮帮忙，别再这么做了。在前面章节"手和脚"的部分我曾经提醒过各位家长，婴儿偶尔手脚冰冷是正常的现象，不需要因此添加过多的衣物。

正确的照顾原则是：父母看看自己身上穿几件衣服，就帮宝宝穿几件，不用多也不用少。

如果已经长了热疹，不严重者就是保持通风，开点冷气（室温约26℃～28℃），少穿点衣服，也可以擦一些低剂量类固醇（激素）的药膏。如果擦药仍未痊愈，应该让医生评估是否有霉菌或细菌感染。

婴儿毒性红斑

婴儿毒性红斑的症状变化多端，而且非常常见，约50％的宝宝都会出现。典型的毒性红斑就是圆圆红红的，有的半径很小，有的可大到两厘米，中间有个白色的小凸起，看起来好像被虫子咬过。

图 2-22：婴儿毒性红斑
典型的毒性红斑圆圆红红的，有的半径很小，有的可大到两厘米，中间有个白色的小凸起，看起来像被虫子咬过。

婴儿毒性红斑可能出现在身体的任何地方，也会反复发作，持续约两周至一个月的时间。如果超过一个月还有毒性红斑反复发作，尤其是出现在喝母乳的宝宝身上，原因可能与妈妈的饮食有关。我个人的经验是，如果妈妈哺乳时吃较多的海鲜、麻油鸡、乳制品、零食和各种补品等，都可能造成婴儿毒性红斑。

粟粒疹

40％的宝宝会出现粟粒疹，出生不久就可以看到，一两个月之后就会消失。鼻头的粟粒疹最常见，圆圆小小的，一点一点地布满整个鼻子，这是皮脂腺阻塞造成的。其他粟粒疹会长在脸颊、额头、下巴甚至腋下，这是表皮角质堆积造成的。

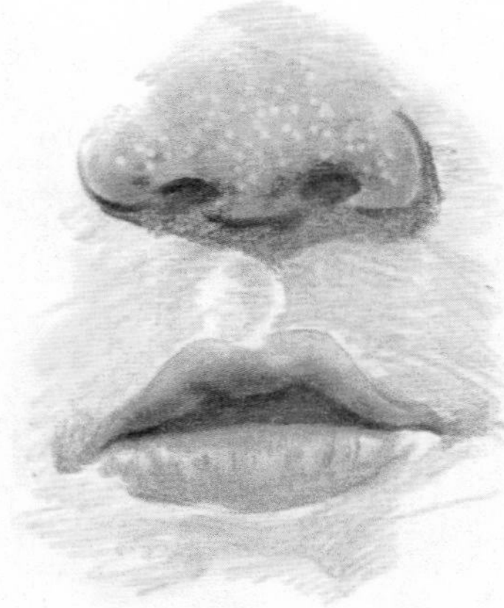

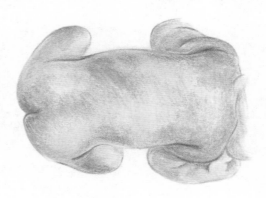

图 2-23：鼻头粟粒疹
鼻头的粟粒疹最常见，圆圆小小的，一点一点地布满整个鼻子，这是皮脂腺阻塞造成的。

蒙古斑

大部分的人都以为蒙古斑只会长在宝宝的下背部和屁股周围，事实上它也会长在手臂、膝盖、脚等身体的任何地方。有时候出生时还看不出来，过了几个月才变得明显，这也是很常见的。大部分的蒙古斑约在宝宝两到三岁时就会消失，少数会持续到成年。

图 2-24：范围很广，但仍属正常的蒙古斑
蒙古斑不只会长在宝宝的下背部和屁股周围，也会长在手臂、膝盖、脚等身体的任何地方。

火焰斑（血管瘤）

血管瘤有很多种，其中一种是最常见的，约50％的宝宝都会产生的火焰斑。这些火焰斑最常出现在三个地方：眼皮、额头还有后颈。火焰斑的特色是形状不规则，颜色泛红，哭闹时特别明显。这三个位置当中，大部分的眼皮火焰斑会消失，约75％的后颈火焰斑会消失，但是额头火焰斑几乎不会消失。将来额头的火焰斑如果不在意的话，其实看不太出来（只有生气的时候看得见）；若是女孩子为了美观，将来也可以用激光去除。

图 2-25：眼皮的火焰斑

形状不规则，颜色泛红，哭闹时特别明显。其中，大部分的眼皮火焰斑会消失。

图 2-26：额头的火焰斑

额头火焰斑几乎不会消失。若是女孩子为了美观，将来也可以用激光去除。

图 2-27：后颈的火焰斑

约75％的后颈火焰斑会消失。

脂漏性皮炎

长在头皮或眉毛处的一些黄黄油油的皮屑。（请见本章一开始"头发、头皮、头骨"的部分）

异位性皮炎

虽然过敏的孩子真的越来越多，但"异位性皮炎"这个疾病实在有点被过度诊断，比如说毒性红斑，或者脂漏性皮炎，都常常被误诊为异位性皮炎。我们要知道的是，若要诊断为异位性皮炎，必须大致符合下列几点：

皮肤粗糙，皮肤瘙痒。粗糙和瘙痒，是异位性皮炎一定会有的两个症状，所以有此症的宝宝，应该常常会去抓挠皮肤。手部动作发育尚未成熟的宝宝，则会因痒到受不了导致身体扭来动去。

特定部位出现红疹。以婴幼儿来说，脸是好发部位，两颊会发红，其他部位则包括手肘外侧与膝盖前方，还有耳垂。

不断复发。

家长有过敏体质。

什么时候应怀疑宝宝有异位性皮炎？一般来说四个月以下的婴儿，不容易拍板下定论，还需要多一点的观察时间。如果之后仍反复发作，脸颊摸起来粗粗的，皮肤甚至有汤汁渗出，加上家族有过敏体质，才应怀疑是否有异位性皮炎。关于异位性皮炎的处理方式，在后续有关过敏的章节会详述。

图 2-28：婴儿异位性皮炎
罹患异位性皮炎会奇痒无比，且容易在两颊、手肘外侧与膝盖前方还有耳垂出现红疹。

尿布皮炎

我相信没有一个宝宝小时候没有"红屁屁"过。虽然尿布皮炎是一种很常见的疾病，但却是某些家长的噩梦；尤其当症状反复发作时，擦药也没有用。看着吹弹即破的粉嫩小屁屁一天一天变成"烂熟的水蜜桃"，家长们的心情一定很不爽吧。

虽然面对的是这么常见的婴幼儿疾病，然而大部分的家长甚至医护人员，都只知道"擦屁屁膏""勤换尿布"，以及"晾屁股"这些招数。事实上尿布皮炎的成因比想象中复杂许多，如果没有对症下药，有时候反而会让情况更加恶化。

一般来说，我会把尿布皮炎分为四大类：

 刺激型尿布皮炎（好发在屁屁的"山顶"，凸起的地方）。

 感染型尿布皮炎（好发在屁屁的"低谷"，夹层的地方）。

 闷热型尿布皮炎（好发在屁股以外的地方，比如说腰部或大腿）。

 过敏性尿布皮炎（到处都有，对湿纸巾、某些材质的尿布以及药膏等等严重过敏）。

虽然这四类疹子会交互发生，好发位置也不见得如我所描述的那么泾渭分明，但因为诱发的因素各有不同，因此处理方式也有一定差异。

最常见的"刺激型尿布皮炎"，是因为小屁屁接触到尿液或粪便中的刺激物质，又在尿布上不断地摩擦，进而造成红肿与破皮。这一类型的尿布皮炎除了通过擦药隔离粪便与屁股的皮肤之外，也要查明宝宝的饮食问题，追究消化不良导致粪便具有刺激性的原因所在，才是完整的治疗方式。

"感染型尿布皮炎"则有明确的敌人：细菌和霉菌，它们喜欢闷热潮湿的部位。其中较常见的霉菌"白色念珠菌"感染引起的尿布皮炎，泛红的边缘整齐，在边缘之外还有看似卫星环绕的小红点，是念珠菌感染的特征。这种尿布皮炎如果误使用含类固醇（激素）药膏治疗，会越擦越严重。

"闷热型尿布皮炎"好发的位置，离肛门口比较远，都是在腰际（尿布最不透气的位置），或是大腿（尿布松紧带的位置）等等。

至于"过敏性尿布皮炎"，则是因为宝宝的屁股对某些刺激物过敏，比如说湿纸巾、肥皂、洗涤剂、尿布、药膏等等；若改用清水冲洗屁股，不再过度清洁，症状反而会减轻。

尿布皮炎的处理方式有轻有重，不过原则就是下列几点：

 擦药，但是要擦对药膏。最常见的氧化锌药膏无明显药性，单纯是隔绝刺激物（如粪便）和屁股的皮肤，因此这类药物要非常频繁地擦，每次换尿布就涂上厚厚的一层。氧化锌常被加在坊间的屁屁膏里面。父母可以看看屁屁膏里的成分，通常有一个"zinc oxide"，就是氧化锌了。您也可以到药店买单纯的氧化锌药膏。

类固醇药膏则相反，作用是减缓发炎现象，擦薄薄的一层就可以了。如果有伤口，或是有霉菌感染，则不适合使用。类固醇药膏最常使用的是复方康纳乐霜（Kenacomb Cream），最好到医院看病后由医生开出处方，至药房处领取。

◖ 勤换尿布。

◖ 保持屁股通风。在很严重的病例中，我们会建议宝宝大便之后，先暂时不穿尿布，铺一层防水垫在宝宝的屁股下，"晾一晾"他的小屁屁。如果用尿布，可以穿得松一点，让它通风，或者在尿布靠腰部的地方打几个洞，增加透气度。

◖ 不要用肥皂洗屁股，用清水洗就可以了。

◖ 半夜起来帮宝宝换一次尿布。

◖ 哺乳的妈妈请调整为天然饮食，配方奶的宝宝试试看换水解蛋白奶粉。这些做法都是为了解决宝宝消化不良的问题，借由调整饮食，让粪便减少刺激性。

经过上述处理，若超过三天没有改善，很有可能就是念珠菌感染引起的尿布皮炎了。念珠菌感染的尿布皮炎要擦特别的抗霉菌药膏（如克霉唑，即 Clotrimazole），而且要擦一周以上。如果使用布尿布，这一阵子清洗尿布时要用漂白水杀菌。当然，漂白水本身要冲洗干净，以免接触婴儿稚嫩的皮肤。如果用洗衣机，最好用温水清洗第二次。

黄疸

黄疸是新生儿常见的问题，多数医生会帮家长注意黄疸值，过高的话就需要住院照光治疗，并寻找可能的原因。很多妈妈以为宝宝有黄疸就应该停止哺喂母乳，甚至听信非儿科医生或药店工作人员的建议，改喝配方奶。切记，此观念大错特错。黄疸绝对不是停止哺喂母乳的理由！

在这里跟各位介绍两种与母乳相关的黄疸，就是"哺乳性黄疸"（breast-feeding jaundice）与"母乳性黄疸"（breast-milk jaundice），其他造成黄疸的原因还有很多，但都需要通过检查才能最后确定。

哺乳性黄疸是一种轻度的脱水反应，发生在宝宝出生后两三天，持续到宝宝一至两周大。这段时间有些妈妈的母乳量还不够，宝宝轻微地脱水，所以黄疸值会稍微升高。哺乳性黄疸的处理方法，是增加喂奶的频率（每一个半小时到两个半小时喂一次），并检视喂奶的姿势是否正确。如果已经很努力但母乳仍然不足，可以暂时用配方奶加以补充，以免黄疸继续蹿升，但还是要频繁地哺喂母乳，直到奶量增加，足够让宝宝吃饱为止。

母乳性黄疸是母乳本身所诱发的黄疸，这种黄疸常发生在一周以上的婴儿身上，持续到两个月大左右。母乳性黄疸的处理方法，还是继续喂母乳，增加频率，增加奶量。因为宝宝吃得多，频繁的排便可以带走更多的胆汁，进而降低黄疸值，这个方法叫作"降低肠肝循环"。

若母乳宝宝的黄疸值居高不下，应该先带到医院检查有无其他引起黄疸的原因。若确定无其他因素造成黄疸，就算宝宝皮肤看起来一直很黄，基本上可以不用理会，继续让医生追踪即可。有些宝宝的母乳性黄疸值持续过高超过两个月，可以暂时用配方奶喂食两三天，然后继续喂母乳。在那两三天的休息期间，应该就可以让黄疸值下降了。有些医生会以药物控制母乳性黄疸，这是一个选项，但并非必须。

再次强调，黄疸绝对不是停止哺喂母乳的理由，世界上没有任何一例关于婴儿因为喝母乳而引发黄疸的后遗症病例。母乳是上帝最好的礼物，怎么可能会伤害您的孩子呢？拒绝听信不专业的建议，跟真正的儿科医生讨论治疗方法，才是最好的选择。

婴儿的黄疸值超过标准，医生会先安排住院照蓝光治疗，让黄疸值下降，并且在同一时间寻找病因。附上美国儿科学会针对不同出生体重、出生天数所规定的黄疸照蓝光治疗标准，供各位家长参考。

黄疸照蓝光治疗标准（单位：mg/dl）

出生体重 ＼ 出生天数	<24 小时	<48 小时	<72 小时	<96 小时	<120 小时	>5 天
<1,000g	5	6	6	8	8	10
<1,500g	6	8	8	10	10	12
<2,500g	8	10	12	15	15	15
>2,500g	10	12	15	18	18	18

　　最后提醒各位家长，世界上没有任何宝宝的皮肤是完美的，求好心切的您必须认清这一点。电视或平面媒体上的漂亮宝宝，都是修过图的，正常宝宝的皮肤不可能每天都如此干净。只要是上面描述的那些无关紧要的疹子，都不需要反应过度、急于涂药，以免弄巧成拙。

送医的时机

　　✑ 宝宝身上有任何小水疱，都最好就医检查。

　　✑ 宝宝身上有上述以外的不明皮肤表征。

　　✑ 任何皮肤病征经过上述处理仍未痊愈。

　　✑ 异位性皮炎、严重尿布皮炎、黄疸，这几项需定期追踪。

第三章

宝宝发育
正常吗？

父母都希望自己的孩子聪明可爱、活泼外向、能说会道、人见人爱……恨不得孩子能集所有的优点于一身，望子成龙，望女成凤，这的确无可非议。然而，很多家长时常会穷着急一些无关紧要的小事，比如宝宝长牙快慢、何时戒尿布等问题，而那些真正该在意的事情，像是安全感、分离焦虑、多晒太阳等甚至可能影响孩子一辈子的与身心健康相关的事情，反而不常被关注到。

话题就先别扯太远，本章让我来提醒一下爸爸妈妈在观察孩子成长时，哪些情形是正常的，是不需要穷紧张的，并提醒大家真正该紧张的时机点。

身高、体重与头围

俗话说"人比人，气死人"，宝宝的身高体重更是如此。如果是双胞胎之间，或是跟上一胎互相比较，那还情有可原；最糟糕的是婆婆妈妈们拿家族中"最高、最胖"的巨婴当作"正常指标"，把其他堂兄弟、表姐妹都讲成营养不良，好似非洲难民，就实在是莫名其妙、自找麻烦了。

看尿量不是看奶量

宝宝出生后体重会先降后升，大约两周左右恢复到出生体重，接着主要的观察重点不是"奶量"，而是"尿量"：一天六包清淡颜色的尿布，就是吃饱的指标。不要去计算宝宝的奶量，尤其是亲喂母乳的妈妈，用力挤出来算毫升数，是最庸人自扰的举动。要知道亲喂母乳的时候，就像是水龙头打开，宝宝在下游吸，上游的乳房仍持续不断地制造乳汁，宝宝喝到的乳汁量会比想象中的还要多。而当母乳是用挤出来的来测量时，水龙头是关闭的，测出来的乳汁量仅仅代表水库大小，妈妈当然会觉得乳汁少得可怜，但这并非事实。

正确解读生长曲线

如果要预测接下来一两年的身高体重百分比，看出生时的高矮胖瘦并不准确；比较准确的指标，是宝宝两个月大时的身高体重，此后大约会落在某个固定的百分比上。长期而言，到五岁之前，大部分孩子的这个百分比都不会改变太多。

现在很多家长在手机上都有可以记录宝宝生长曲线的 APP，但是家长却时常错误解读生长曲线的意义。比如说，有妈妈问我："怎么办？我的宝宝身高体重曲线低于 50％，该怎么增加营养？"这种问题显然就陷入了一个超级大误区。

生长曲线不论是身高、体重或是头围，97％的宝宝是正常的，3％的宝宝也是正常的，只要在这个范围之内，都没有"生长落后或领先"这种事。宝宝在两个月大时，他的身高体重曲线如果落在 3％，那么家长的任务应该是"继续维持在 3％就好"，不应该也不可能期待宝宝变成 97％的巨婴。反之，如果宝宝落在 97％也别开心，家长要努力维持宝宝停在原来的百分比，否则未来恶化为儿童肥胖问题，恐怕还会造成更多疾病。

父母只需把曲线当参考值，不要跟别人比，要跟自己比，只要宝宝的曲线是在同一条曲线上，例如从出生到现在都维持在 15％，就没有太大的问题。这些孩子虽然小时候的身高体重紧贴着同一条线，到了青春期中、后段，还是会开始长高，家长不需要太担心。

倘若生长曲线短时间内出现大幅度变动，才需要带孩子到医院检查。

何时该求诊？

如果宝宝的生长曲线经过三个月的记录跌破 3％，或短期内上升／下降 50％，就必须带宝宝去看医生。例如，宝宝身高曲线原本已达到 85％，几个月后掉到 30％；或是宝宝体重曲线原本只有 15％，短短几个月却飙升到 97％，这些都可能有问题。

一般来说，如果宝宝身高、头围曲线维持正常，体重曲线往下掉，可能是胃肠道的问题；若宝宝头围曲线正常，但身高、体重曲线往下掉，可能是内分泌的问题；身高、体重和头围曲线本来就偏小，三条曲线却同时往下掉，则可能是染色体的问题。

化解长辈的"过度关心"

宝宝的生长曲线一直落在3%的偏低组，妈妈不仅要承受自责、焦虑的心理压力，还要忍受来自四面八方的三姑六婆的关切的问候，尤其是媳妇最受不了婆婆质问："别人家的小孩已经多少多少高了，为什么孙子长不高？是不是没给他吃东西？"

在这些伤人的话语之下，妈妈要对自己有信心，确定有让孩子摄取充足的营养，并且已经让儿科医生评估过，没有健康上的问题，就应该挺起胸膛，轻松地面对外界的质疑。还有，千万不要浪费金钱在营养补充品上。

如果父母自己在童年时期也是瘦瘦小小的，那更应该让其他人知道："我小时候也偏瘦偏小，现在还不是好好的。"借此来堵住他人的悠悠之口。

儿童及青少年生长身体质量指数（BMI）

年龄（岁）	男生			女生		
	过轻	过重	肥胖	过轻	过重	肥胖
	BMI <	BMI ≧	BMI ≧	BMI <	BMI ≧	BMI ≧
出生	11.5	14.8	15.8	11.5	14.7	15.5
0.5	15.2	18.9	19.9	14.6	18.6	19.6
1	14.8	18.3	19.2	14.2	17.9	19.0
1.5	14.2	17.5	18.5	13.7	17.2	18.2
2	14.2	17.4	18.3	13.7	17.2	18.1
2.5	13.9	17.2	18.0	13.6	17.0	17.9
3	13.7	17.0	17.8	13.5	16.9	17.8
3.5	13.6	16.8	17.7	13.3	16.8	17.8
4	13.4	16.7	17.6	13.2	16.8	17.9
4.5	13.3	16.7	17.6	13.1	16.9	18.0
5	13.3	16.7	17.7	13.1	17.0	18.1
5.5	13.4	16.7	18.0	13.1	17.0	18.3
6	13.5	16.9	18.5	13.1	17.2	18.8
6.5	13.6	17.3	19.2	13.2	17.5	19.2
7	13.8	17.9	20.3	13.4	17.7	19.6
8	14.1	19.0	21.6	13.8	18.4	20.7
9	14.3	19.5	22.3	14.0	19.1	21.3
10	14.5	20.0	22.7	14.3	19.7	22.0
11	14.8	20.7	23.2	14.7	20.5	22.7
12	15.2	21.3	23.9	15.2	21.3	23.5
13	15.7	21.9	24.5	15.7	21.9	24.3
14	16.3	22.5	25.0	16.3	22.5	24.9
15	16.9	22.9	25.4	16.7	22.7	25.2
16	17.4	22.3	25.6	17.1	22.7	25.3
17	17.8	23.5	25.6	17.3	22.7	25.3

0～5岁的标准，采用世界卫生组织公布的"国际婴幼儿生长标准"。7～18岁的标准，依据1997年台湾地区中小学学生体适能检测资料。5～7岁部分，参考世界卫生组织BMI rebound趋势。[BMI= 体重（公斤）/身高²（米）]

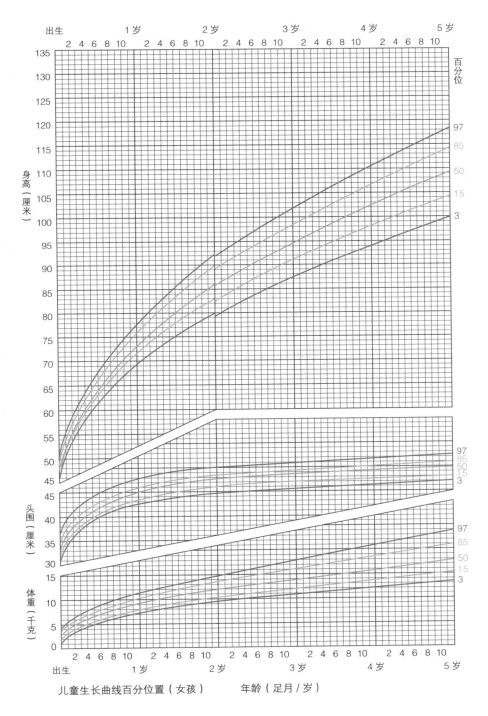

儿童生长曲线百分位置（女孩）　　年龄（足月／岁）

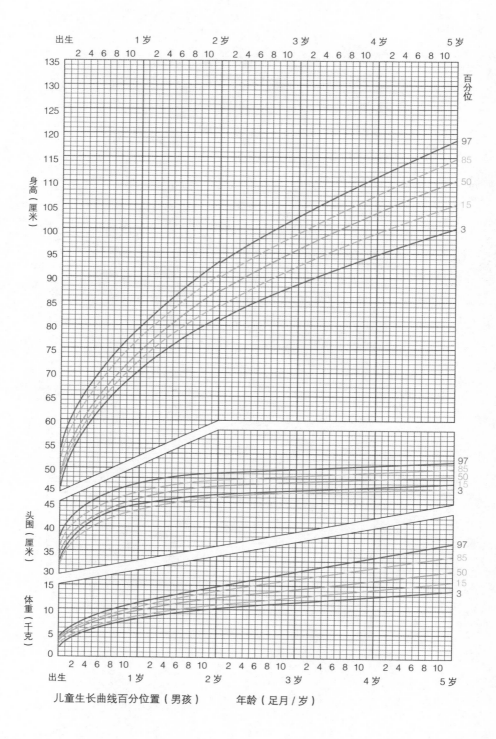

儿童生长曲线百分位置（男孩）　　　年龄（足月/岁）

七坐八爬、一岁站

人比人气死人的文化，还包括互相比较几岁开始会爬、会走。以前的社会最喜欢比谁家宝宝先学会走路，结果生出了"螃蟹车"这种怪东西，来揠苗助长地"训练"孩子走路。殊不知适得其反，根据研究显示，使用螃蟹车的宝宝，学走路还比没使用的人来得慢。

近年来不流行比较谁家宝宝先学会走路，反而盛传"爬愈久对头脑愈好"的论点，这下可好，想自己站起来的宝宝通通都被家长"扫堂腿"，强迫着多爬两圈，输人不输阵。请问，这又是何苦来哉？

基本上每个孩子的发育都有不同的时间表，一般家长只照顾一两个小孩子，经验值不足，很难判定发育是否正常或迟缓，因此，还是交给专业的儿科医生判断比较妥当。其实，不管早学走或晚学走，爬得久或短，都不是重点；反而家长多多地陪伴宝宝，在游戏中增加刺激，才是肢体发育最重要的因素。

举例来说，如果一个宝宝被送去不合格的托儿所，除了吃饭时间有人喂食，其他时间都任其自己一个人躺在床上，没有人陪伴与游戏，宝宝没有探索世界的动机，当然也就不会想要爬行或走路，进而造成肌肉张力不佳，动作发展迟缓，这才是导致严重问题产生的根源。

简单自评宝宝的肢体发育

0～3个月：新生儿出生后几天，小手、小脚开始动起来；常握着小拳头放嘴里吸吮；会用小手抓自己的小脸；小脚的蹬力很大，有的宝宝能把穿着的袜子都踢掉。

3～4个月：抱起时，头部立得越来越稳；会转动脑袋寻找感兴趣的东西或声音；嘴里会不断发出"咿呀"的学语声；对颜色有初步的分辨能力；趴着时能用手和脚支撑身体，把头抬起；手脚活动非常灵活。

4～5个月：几乎所有宝宝的头部都能够完全挺直；手会做更多的动作，如拍手、双手合于胸前等；宝宝不能坐稳，要身体两边有物体倚靠才能坐上几分钟；趴着时，头能长时间抬起。

5～6个月：能用手抓拿玩具摇动或是用嘴啃；腿脚的蹬力很大，能把盖着的被子踹掉。

6～7个月：大多数宝宝都会翻身并移动身体，捡起东西就想放进嘴里"尝尝"。

7～8个月：多数宝宝能后退着爬了，有的宝宝在家人稍微扶着腰部时能站立。

8～9个月：可以自己独立坐很长时间并能变换位置；有的孩子可以扶着东西就站起来；有的宝宝会啃脚，把脚放在嘴里。

9～10个月：对周围事物感兴趣，能较长时间地把玩一个玩具或物品。

10～11个月：之前能扶着东西站立的宝宝，这时候能扶着东西走，发育快的宝宝还能自己站立一会儿或很长时间。

11个月～1周岁：一般宝宝都能扶着东西迈步，走得早的宝宝能撒手摇晃着走。

1周岁～1周岁半：宝宝走路比较稳当；有的宝宝几乎没怎么走路，就开始跑了；上下的动作比较灵活，比如，能自己上下台阶、小椅子等。

1周岁半～3周岁：宝宝运动能力超强，自己会玩沙土、积木、踢球、拧水龙头等等。他看到大人做的几乎所有事情，都要模仿着去做。

宝宝还不会讲话？

一岁半还不会说话，很糟糕吗？根据我在门诊的经验，很多小男生到一岁半都还不会说话，发育却是正常的。

当然，一岁半不会叫"爸爸、妈妈"，还是需要让医生评估过后，才知道是俗语说的"大鸡慢啼"，还是真的有发育迟缓问题。一般来说，发育迟缓都是全面性的，比如从小的身高体重、粗动作、细动作，每一项都落后，到一岁半时语言也落后，就必须特别小心，但通常父母也不会感到意外。反之，如果身高体重与各项发育都正常，只有语言落后，那么大部分都是正常的，除非是有自闭倾向的孩子。

听力检查

遇到一岁半还不会讲话的宝宝，首先要确定他的听力是否正常。虽然刚出生的时候会做听力测验，但有些后天的听力损害，也会影响语言的发展。通常我会问爸爸妈妈："孩子听得懂大人的指令吗？"比如说请他拿垃圾去丢，或是请他拿杯子来，不需要特别的手势就都能听得懂，听力应该就是没问题；反之，就需要重新检查听力。

83

自闭倾向

除了确定听力无碍之外，第二步是确定孩子没有自闭倾向。通常我会问家长，不讲话的孩子是否会用肢体动作"表达"他的需求。比如拉着你的衣服去找玩具，或是指着奶瓶发出呜呜啊啊的声音。如果会，应该就没有发育迟缓或自闭倾向。

有关自闭倾向的观察评估，我在下一页会附上测评问卷的内容。

只要听力正常，有肢体沟通能力，没有自闭倾向，那么就算两岁还不太会说话，也都没什么关系，我们称之为"大鸡慢啼"，开窍之后就什么话都会说了。

黄医生聊聊天

自闭症儿童不悲观：早期发现，早期诊断，早期治疗。

美国儿科学会与疾病管制局，从 2007 年开始推行一个关于医生早期发现自闭症儿童的运动，叫作 Autism A.L.A.R.M.，而此口诀其中的 L 字母所代表的英文，是 Listen to parents（聆听家长的声音）。也就是说，专业的儿科医生其实只需要用心聆听，基本上从家长的口中，就可以早期发现孩子的自闭症问题。

自闭症儿童的症状，早在一岁半之前就会开始出现，而且大部分的家长，在这个时间段都已经有所察觉，发现自己的孩子在某方面"不太对劲"。刚才提到的 Autism A.L.A.R.M. 口诀，代表的内容如下：

🔘 Autism is prevalent（自闭症并不少见）：

每 88 位儿童，就有一位有某种程度的自闭倾向。而且这些自闭倾向儿童，在其他的发展项目上不一定会受影响，因此很容易被忽略。

🔘 Listen to parents（聆听家长的声音）：

早期症状在一岁半之前就可能出现，而且家长通常已经察觉到不对劲。如果医生怀疑孩子有自闭倾向，应该主动询问家长，通常可以得到足够的信息。

◉ Act early（早期诊断）：

利用好的自测问卷，可以早期诊断自闭儿童。目前最有名的问卷叫作 M-CHAT，内容很简单，在下文我将整理给各位。

◉ Refer（转介至专业单位）：

早期诊断所带来的优点就是可以早期治疗，除了安排听力测验之外，最重要的步骤，是帮孩子转介至早期疗育单位。目前台湾地区各县市都设有儿童早期疗育中心，提供各种早期疗育所需要的资源、空间以及专业人士。自闭症儿童越早接受治疗（感觉统合、职能、游戏、音乐艺术等等），就越有机会恢复良好的人际沟通技能，建立自信心，达到正常的心智发展水平。

◉ Monitor（追踪）：

当然除了转介到专门的单位之外，也要追踪孩子的其他健康状况、经济状况以及家庭支持系统等等。

刚才提到的 M-CHAT 问卷，是由 20 个问题组成，帮助医生或家长早期发现孩子的心理发展问题，适合 16 到 30 个月大的儿童，内容如下：

◉ 如果你用手指向房间里的某个物体，孩子会顺着你的手指转头看它吗？

◉ 你的孩子会跟你玩"假装我们在干什么"的游戏吗？

◉ 你的孩子喜欢爬上爬下吗？

◉ 你的孩子会用手指头指着想要的东西，请你帮忙拿取吗？

◉ 你的孩子会用手指头指着有趣的东西，叫你一起看吗？

◉ 你的孩子会对其他小朋友产生兴趣吗？

◉ 你的孩子会拿好玩的东西与你分享吗？

◉ 当你叫他的名字时，孩子会转头或回应吗？

当你对孩子微笑，他会回应以微笑吗？

你的孩子会走路吗？

当你跟孩子说话、玩游戏时，他的眼神会看着你吗？

你的孩子会不会模仿你的动作？（如：再见时摆手）

当你转头看某个物体时，孩子会不会也好奇地转头看看是什么？

你的孩子曾经说过类似"妈妈你看我"的话吗？

你的孩子听得懂你的指令吗？

当孩子看到新的玩具，或听到奇怪的声音，他会转头看看你的反应吗？

你的孩子喜欢在你的身上跳来跳去吗？

你曾经怀疑孩子的听力不太好吗？

你的孩子会死盯着自己的手指头看，而且非常靠近自己的眼睛吗？

你的孩子会对嘈杂的声音尖叫或大哭吗？（如：吸尘器）

正常的孩子，前面 17 道题的答案应该是"会"，后面 3 道题的答案应该是"不会"；而自闭的孩子则相反，前面 17 道题都是否定的，后面 3 道题是肯定的。当然不可能所有的问题都全然符合或全然不符，但是基本上只要有怀疑，都应该让专业人士观察一下，并且做进一步评估。

亲子共读促进智能发育

美国某机构有一次调查有三岁以下孩童的家庭，发现有 16％的家长从来没有读过故事书给孩子听，另有 23％则一周只读不到两次。您可能会问："三岁以下？他们连字都不会认呢！何必浪费时间呢？"如果您这样认为，就大错特错了。

有一项长达 20 年的研究表明，学龄前的亲子共读，可以让孩子进入小学之后的学习更加顺利，并且有助于提高日后的阅读能力，口语表达能力也可以比其他孩子高两倍，读得越多，效果越显著。而这两项能力，是学习最重要的基本功。因此，如果父母面对婴儿不知道该说些什么，没关系，拿起一本故事书，自问自答地对着宝宝说故事就对了。两年之后，你会惊讶地发现，孩子可能还记得一年前你给他讲过的故事内容哦！

不知道怎么读？

有些家长对于亲子共读有一些疑虑：第一，住宅附近（尤其是乡下）没有书店；第二，不知道怎么读（以前小时候也没人读给他听，或者是家长本身识字不多，教育程度不高）；第三，儿童图画书太贵了；第四，虽然尝试过亲子共读，可是小朋友听一听就跑掉了，搞得很不愉快。

事实上，家长不用学习太多，只要放一本书在家就够了。就算每天读同一本书，就算家长不认得半个字，都可以借由书中的图画和口语，给孩子足够的语言刺激。要知道，我们日常生活中使用的词汇是很简单的，因为我们的生活周遭也许相对单纯；但是图画书里的文字，有时候是平常不会使用的，因此可以给孩子更多样化、更丰富的语言经验。

不同年龄的孩子，关于共读有不同的发展阶段，我列出下表给家长们参考。

年龄	认知	家长可以怎么做
6～12个月	能看到图片 用手拍打图片 喜欢有脸的图片	用手指东西，告诉他那是什么
12～18个月	拿书不会拿错边，不会上下颠倒	让孩子自己拿书 问："某某在哪里？"
18～24个月	可以念出书中熟悉物品的名字 注意力可长可短	问孩子："那是什么？" 读到某些熟悉的语句可以暂停，让孩子接着完成
24～36个月	可以将图画与故事联结在一起	不厌其烦地读同一本书 提供蜡笔和纸，让孩子画图
3岁以上	已经知道书中内容就在"文字"里 即便看不懂，读书时会用手比划 可以认出一些字	让孩子说故事给家长听

虽然您的孩子一开始可能对亲子共读的兴趣不大，但是不要气馁，也不要给孩子压力。每天睡前或者孩子玩累的时候，问他要不要念故事书；或者拿两本书在面前晃晃，由他挑选自己喜欢的书，就算老是挑同一本也好。久而久之，亲子共读会变成你们之间最快乐的时光，孩子在语言上的进步也会令您惊喜万分！

长
高
的
秘
诀

很多家长一想到"长高"，就会想到补充钙质。于是乎，牛奶的功效被神化，钙片销路大好，却很少会有人真正去求证：多补充钙质，真的会长高吗？

根据医学界最具公信力的 Cochrane Library 统计表明，儿童补充钙质只会让下肢骨密度增加约 1.7％而已，而且一旦停止补充，就可能恢复原状。意思是说，就算你把牛奶当水喝，恐怕也不会因此变成姚明。

虽然让孩子长高的因素非常多，但经过我的整理，应该可以归纳成下列四项：

- 均衡的饮食。
- 规律的运动。
- 充足的睡眠。
- 快乐的心情。

均衡的饮食

所谓均衡的饮食，就是有淀粉、蛋白质、油脂、纤维素和矿物质。出生于 20 世纪早期的祖父祖母之所以没有长得很高,是因为营养不良,吃不到什么肉,既不均衡,热量也不足。如果单指有助于骨骼生长的食物,根据国外的研究有下列几项:全谷类食物、种子类食物、深色蔬果、非油炸白肉(鸡肉),以及非油炸瘦肉(牛羊猪肉)。千万不要小看深绿色与深黄色蔬菜,它们具有高含量的碱化矿物质(如:钾离子),可以帮助骨骼的发育以及钙质的吸收。

规律的运动

规律的运动很重要,但不要强迫孩子从事不喜爱的项目。基本上所有需要"跑、跳、蹦"的运动,都可以促进骨骼的发育,不限于打篮球、跳绳等。必须注意的是,运动绝对不要过量,如果造成生长板损伤,反而会阻碍孩子的发育。

充足的睡眠

婴幼儿时期的睡眠通常不是大问题(下一节会聊到如何帮助宝宝睡眠),然而等到上小学之后,由于功课压力过重,睡眠时间越来越不足,会造成免疫失调、生长迟滞、肥胖等问题。一般学龄前的孩子每天至少需要睡 11 小时,小学生需要 10 小时,中学生以上也需要 9 小时,这些都已经是基本下限了。睡眠除了时间要足够、就寝时间应该规律,还有灯光要够暗,才能刺激生长激素的分泌。

快乐的心情

不过,我认为帮助孩子长高,最重要的还是要让孩子在快乐的家庭中成长。快乐的心情,是人体系统最好的肥料,除了帮助长高,也可以提升免疫力以及让孩子发挥正常智力。长期处于压力下的孩子,尤其是夫妻失和造成的家庭危机,会让体内皮质醇升高,抑制生长激素的分泌,当然也就长不高了。所以有空还是多多经营家庭,培养夫妻感情,孩子才有机会长得又高又壮哦!

睡
觉
时
间
到

宝宝的小脑袋正在发育，充足的睡眠对于整体的脑力发展十分重要。每个孩子需要的睡眠时间不同，并且随着年龄的增长，睡眠时间也渐渐缩短，因此要睡多久并没有标准答案。对家长而言，能做的事情是提供良好的睡眠环境（光线、声音），以及敏锐地观察孩子想睡觉时的表现，有规律地引导孩子上床睡觉。

宝宝需要睡多久？

很多父母在孩子一岁之前都会因睡眠问题而被孩子搞得心力交瘁，原因无他——宝宝的睡眠时间真的是没有规律！在这里，我想跟大家分享一些关于婴儿睡眠的常识和技巧。

首先，我们要知道，大多数新生儿连续睡四～五个小时不喝奶已经是极限了；而两个月大的婴儿当中，有 50% 可以连续睡七～八个小时不喝奶；四个月大的时候，多数婴儿都可以达到连续睡八个小时不喝奶。然而，喝母乳的婴儿，可能要到五个月大时才能达到这个目标。

睡眠习惯虽然可以自然而然地形成，但有一些方法的确能让宝宝学会自行入睡。我在这里给父母们提供一些方法，作为参考。

新生儿（小于三个月）

有医学研究表明，如果想要让宝宝建立自行入睡模式，在三个月到六个月期间进行训练，可能是比较好的时机。研究者发现，在三个月之前就被训练自己睡过夜的宝宝，到一岁时反而半夜醒来频率较高，睡眠质量并不好。而六个月之后还需要妈妈大量安抚陪睡的宝宝，一岁时总睡眠时数会比较少。

这项观察似乎也符合"依附理论"保护前三个月宝宝大脑安全感的原则，所以想建立宝宝自行入睡的习惯，或许三到六个月的时候，是训练的好时机。三个月以下的宝宝，家长先不要去想训练睡眠的事，先建立哺乳模式与宝宝安全感更为重要。这里有一些让家长和孩子都放轻松的方法：1. 躺着亲喂母奶，不要坐着喂；2. 边喂边休息，睡着也没关系；3. 母婴肌肤贴肌肤，不要穿太多衣服；4. 宝宝的胃大小不同，两三个小时、三四个小时吃一次都有可能，不要强求，顺其自然。

三个月到六个月

　趁宝宝还是想睡，但是仍然醒着的时候，就把他放在婴儿床里。不可以让宝宝抱着奶瓶睡觉，这是最重要的一步。如果孩子睡着的时候在吃奶，他醒来的时候就会期望是在吃奶；如果孩子睡着前最后的记忆是在妈妈怀里，他醒来的时候就会期望在妈妈怀里；如果半夜醒来时发现自己不是在预期的环境中，宝宝就会哭。所以趁宝宝还醒着的时候，就要将他放在他该睡觉的地方。刚放下的时候宝宝可能会哭，这时可以抱抱他、摇摇他，等他情绪稳定，但仍然趁孩子还没睡着之前，就将他放进婴儿床。久而久之，当宝宝半夜醒来，就可以自己睡回去而不会哭闹了。

　白天的时候，多陪宝宝玩，多抱抱他。白天多给孩子一些抱抱可以增加他的安全感，减少乱哭的概率。但是上一个建议还是很重要：当宝宝想睡的时候，还是要让他躺在婴儿床里，即便是睡午觉也要训练。

 不让宝宝在白天连续睡超过三个小时。当宝宝睡超过三个小时的时候，轻轻地摇醒他，跟他玩一会儿。把宝宝一天最长的睡眠时间留到晚上那一次。

 尽量把白天喂奶的时间间隔拉到三个小时以上。不要宝宝一哭就喂奶，应该先了解他目前需要的是什么：可能是想睡，可能是不安全感，可能是太热，也可能是尿尿了。

 试着停掉半夜那一餐，逐步减少半夜那一餐的奶量。四个月是个关键的年龄，如果在这段时间戒不掉半夜那餐，将来可能就很难戒掉了。所以，试着半夜不要喂奶，如果宝宝哭，可以拍拍他，暂时不喂奶，看看他的反应。配方奶的话，可以逐次减少 30ml～50ml 左右的奶。喂母乳的妈妈有时候在四个月的时候还没办法戒掉半夜那餐，那么至少五个月的时候要戒掉。

 如果宝宝没有特别需要，半夜也不要换尿布。当然，如果宝宝有尿布疹或者不舒服，必须换尿布的话，有一个原则就是速战速决——不要开灯，用个小手电筒来照明。

 母婴同床有好有坏。睡同一张床可以让宝宝更有安全感，但对于一些焦虑感强的父母来说，母婴同床反而让彼此都睡不好。将宝宝的婴儿床靠在大人的床边是折衷的办法。

 在爸爸妈妈快要就寝之前可加喂一餐，比如说 10 点或 11 点，避免宝宝被饿醒。

 宝宝半夜哭闹时，可以稍等一下，让他试着自己平复入睡。每个宝宝的气质不同，焦虑感也不同。如果您的孩子半夜会害怕，那就轻轻地接近他，平静地安抚他，小声地哼歌或说话。如果家长自己心浮气躁，摇晃太剧烈，拍太大力，就会让宝宝更加紧张焦虑。

 可以用奶嘴。

六个月到一岁（开始有分离焦虑的年纪）

🍵 这时候，宝宝开始需要玩偶了。有个玩偶让他抓着可以减少分离焦虑。

🍵 宝宝睡觉的时候把门打开，让他知道父母都还在附近。

🍵 白天的时候，如果要与宝宝较长时间分离，分开时（如上班前）要给他足够的拥抱与安慰。

🍵 半夜的分离焦虑如果太严重，宝宝啼哭不止，可以握着他的手，同时保持安静，不要讲太多话或开灯，握到你觉得宝宝已经平静下来。

🍵 对于严重分离焦虑的孩子来说，放弃训练他一个人睡，坚持亲子同床，让宝宝拥有足够的安全感直到他可接受独立睡觉的年龄，也许比跟他每晚拼老命要轻松很多。

一岁以上

🍵 每天就寝的时间应该固定。

🍵 建立一个睡眠仪式。所谓的睡眠仪式就是在睡觉前有一连串的活动，比如说：刷牙→尿尿→讲故事→睡前吻别→关灯。每天固定模式的睡眠仪式可以让孩子被"睡觉"这件事制约。要注意的是，睡眠仪式不是像电影里演的那样，讲故事讲到孩子睡着。不，一切仪式结束时，孩子照理说应该还是醒着的，只是犯困而已。

🍵 孩子一旦上了床，就不能让他轻易离开。有些孩子会在床上蹦蹦跳跳，或者尿遁两三次，或者问一大堆问题、找一大堆理由来拖延睡觉时间——不要发脾气，但也不要回答任何问题，坚定地让孩子知道睡觉时间到了是没得讨论的事情。如果孩子又跑出房间，把他放回床上，关灯，不要有过多的对话。

🍵 当孩子半夜恶梦惊醒，可以在床边陪伴他一阵子，让他安定下来。不要让孩子看电视，很多孩子的恶梦都来自白天电视剧里的某些情节。

每个孩子的睡眠模式都不一样，需要的睡眠时间长短也不一。家长应该培养孩子良好的睡眠习惯，才能开开心心地教养孩子长大，而不把自己累垮。

黄医生聊聊天

　　三岁前让孩子单独睡一个房间是很残忍的事。有些孩子非常没有安全感，就算和父母同房睡，但在自己的婴儿床上仍然会很害怕，并且哭超过半小时。如果您的宝宝是这种个性，同床共眠可能比每天跟他"奋战"还更轻松。重点是，白天要多陪他玩，多跟他互动，这样才能建立安全感。

　　至少有三分之一的孩子，到了六个月之后，渐渐地变成半夜无法睡过夜，半夜起来啼哭，这都是正常的分离焦虑期的开始。所以可以睡过夜的一个月大的宝宝的爸爸妈妈们，千万别高兴太早，挑战还在后头呢！

睡眠的三大重点：规律感、时间足、灯光暗

　　其实让宝宝好好睡的原则很简单：让孩子有安全感，规律的睡眠时间，良好的睡眠习惯。

　　睡眠占据了孩子一天中与父母分离最长的时间，因为眼睛闭起来就看不到亲爱的人了，所以如何让宝宝白天、入睡期和睡眠期都有足够的安全感，是我们要想办法解决的问题。另外，家庭的作息混乱，导致宝宝的睡眠时间不固定，也是宝宝无法乖乖入睡的因素之一。最后，入睡的仪式，从婴儿期的奶睡，如何慢慢进展到幼儿期的讲故事睡，是一门很大的学问。

　　医学上所谓良好的睡眠质量，不是早睡，也不是早起，而是：一、每天固定就寝时间；二、一整天内睡眠时数足够；三、睡眠时灯光暗。只要符合这些条件，睡眠质量就可以得到保证。

黄医生聊聊天

　　根据研究，睡眠仪式并非百分之百有效，差别在于父母是否和孩子有互动。有些家长将睡眠仪式当作例行公事一般，讲故事时自己讲自己的，完全不理会孩子的反应。这样的睡眠仪式，孩子没有办法专心沉浸于整个过程当中，效果当然很差。

第四章

宝宝怎么吃
才健康？

　　所谓"民以食为天"，不论是新生儿，或是学龄儿童，父母最关心的事情，莫过于"孩子吃得好不好"了。在我的博客里，几乎每个礼拜都有网友请教儿童喂食的问题。当然商人也绝对不会放过这门生意，营养品、补品，各式各样，花招百出，就是在利用家长对孩子的"吃"的烦恼这一点。管好孩子的饮食，有这么困难吗？我们现在接受的饮食信息，究竟是来自厂商，还是真正的专家？我相信这也是每一位家长心中的疑惑。

　　接下来的章节，我将会针对不同时期的孩子可能会遇到的饮食问题，做简单的整理与建议。希望新手爸妈看完之后，能信心大增，也对您的孩子的喂食问题更加得心应手！

用五大原则分辨正确的饮食建议

以前的家长，如果不知道要给孩子吃什么，除了家里的长辈，常常第一个询问的"专家"，竟然是药店老板，这简直不可思议。然而随着互联网的发展，信息的获取方式越来越多元化，很多妈妈会去参考儿科医生、营养师所写的博客或书籍，这些都是比较正确的做法。

不过，互联网上的信息依然充斥着以讹传讹的内容，商业广告无所不在地渗透，有时候甚至连专家都被搞迷糊了。身为儿科医生或营养师，如果我们不努力进修，跟上信息的脚步，辨明哪些是真、哪些是伪，很容易就会提供给家长错误、落伍的饮食卫教观念。

事实上，大家只要掌握一些原则，就能辨明正确的饮食建议，减少听信谣言的概率。下面就让我介绍分辨正确饮食建议的五大原则：

原则一：亲喂母乳妈妈的限制多？别再理会了！

亲喂母乳的妈妈，常常会被要求："要挤出来喂，才知道宝宝喝了多少""每隔三到四个小时再喂，免得宠坏了宝宝""学习用奶瓶，不然等你上班以后宝宝会无法适应""换成配方奶一阵子，不然宝宝的黄疸不会退""你正在吃感冒药，所以不能喂母奶"……这些莫名其妙的规矩不胜枚举。

上面这些谣言，千万不要理会；喂母乳是再自然不过的事，根本不需要有负担。宝宝出生之后，好好享受与他肌肤相亲的时间，喂母乳不用挤出来，不要规定时间，不用担心黄疸，吃感冒药或抗生素都无需停止哺乳。只要妈妈有胀奶的感觉，宝宝的尿布每天也都达到有重量的六包以上，就表示喝得很够。很多宝宝会有大小餐的情形，这是正常的，每个宝宝的胃容量不同，也不可能一次喝太多。所以我的第一个饮食建议是：只要妈妈本身吃天然的饮食，所有限制亲喂母乳的传言，几乎都是错的。

原则二：四至六个月之后的宝宝，除了蜂蜜，不需限制任何天然食物！

有一本书，叫作《跟全世界的父母学教养》，相信看过的妈妈都会受到不小的冲击。如果人的眼界够宽广，就会发现我们每天奉为圭臬的某些育儿教条，在世界上其他国家的人看来却是如此的不可思议；而其他文化范畴下的父母用另一套迥异的方式来养育他们的孩子，在我们看来，也可能是恐怖而难以置信的。但是最终，大家都养出了白白胖胖的可爱小孩，不是吗？

所以，下次别再听信"奶、蛋、豆、鱼要一岁之后才可以吃"，因为这是一项很落伍的建议，全世界已经没有任何专家会这样卫教了。你可以去问问地中海地区的人，他们的宝宝四个月就在吃鱼了。

四个月之后，宝宝的消化酵素已经趋于成熟，尤其是喝母奶的宝宝更是如此，因为他们已经在喝母奶的过程中，学习消化多种不同的蛋白质。所以，如果宝宝开始对成人的食物有兴趣，一岁以前，除了蜂蜜恐有感染病菌之虞不要碰，其实什么都可以试。很奇怪的是，很多家长对于给宝宝吃天然的鸡蛋这件事敬谢不敏，却对含有食品添加剂的人工制品，如调味米精、饼干、婴儿罐头等趋之若鹜，实在是本末倒置。其实，食品添加剂才是引发过敏的元凶之一，鸡蛋反而会让婴儿渐渐产生耐受性而"去敏感化",减少过敏的概率。

还有一些家长不敢让宝宝吃辅食,是因为宝宝的牙还没长齐。但其实宝宝的牙龈也是很强壮的,只要把食物剪碎、弄软,他们都可以练习咀嚼,也能消化得很好。

原则三:孩子正在发育,千万别吃得跟老人一样!

很多妈妈问我:"小朋友可以一天吃两个蛋吗?"当我说可以的时候,他们总是忧心忡忡地继续问:"这样胆固醇不会太高吗?"

或许是成年人高血压、高血糖、高血脂"三高"的问题太严重,让全民对于盐、胆固醇、碳水化合物和油脂这些词产生莫名的害怕。其实这些东西都是我们身体必需的营养,缺一不可,只有生病的人才不能摄入过量。

儿童正在发育,每天所需的热量主要来自淀粉,摄取蛋白质的比例也应该比成人还要高。有些父母帮孩子准备各式各样清蒸或水煮的食物,自己却在吃油炒青菜,其实应该交换才对。一岁以下的小朋友,只要不是人工的反式脂肪,成分来自动物或植物都可以;至于孩子爱吃多少鸡蛋,或者加一点盐巴调味,都是不需要禁止或害怕的。

原则四:只要是装在瓶罐里的东西,都不是必需的且不能长期摄入!

东方人喜欢吃保健食品,比如补钙、补铁、补锌、补益生菌……然而全世界有关这些元素不足影响儿童发育的研究,都是在有粮食危机的落后国家进行。如果您身处的地区并没有粮食不足的问题,那么表示只要按照本章节的饮食建议来喂养,您的孩子就不应该有这些元素缺乏的困扰。

我的看法很简单:除了正常饮食外,不必补充____营养食品。横线处可以填入任何你听过的产品,比如钙片、酵素、益生菌,还有族繁不及备载的胶囊、粉末和饮品。

很多妈妈陷入一种恶性循环,就是当孩子不吃饭,只喝奶或只吃零食时,出于对他可能会营养不良的担心,看到保健食品的广告,就决定给他补充这些东西；给了这些东西之后，家长自我安慰地以为情况得到了缓解，就更不积极解决喝奶、吃零食的问题，于是孩子就更放纵地吃营养不均衡的食物，直到健康出了问题。另一种心态则是"输人不输阵"：虽然孩子已经吃得很均衡了，总觉得别人在吃，我们家小孩不吃，是不是就会矮人一截，所以各种保健食品都要来一点，以满足自我的危机感。

不瞒各位说，不只是家长被广告洗了脑，连专家们如我也都会受影响，怀疑自己的信念，开始做一些模棱两可的建议。这就是为什么当您拿着保健食品去找医生，想问他："这可以吃吗？对孩子有没有帮助？"得到的答案往往非常模糊。

让我来提供最简单的饮食技巧：只要是装在瓶罐里的东西，都不是孩子必需的，而且不能长期摄入。就像医生开药一样，吃药总有期限，营养品也是。就算只是吃益生菌，医生也应该告诉家长要吃多久才是。

原则五：煮熟的食物，绝对比生食安全！

您一定听过有人说"青菜煮熟之后就没营养了"，但这是错误的。如果您偶尔看到新闻报道有关欧美国家发生因生食而导致的"出血性大肠杆菌污染事件"，应该会对熟食有更加不同的看法。

全世界大部分的饮食文化都还是以熟食为主，这样的饮食习惯的演进绝非偶然。在过去公共卫生体系还不发达时，吃生青菜或其他生食，不仅不安全，甚至可能致命！即使是现代的发达国家，每年仍会有一两起重大的食物污染事件，除了前述所说的出血性大肠杆菌，还包括对儿童致病力很强的沙门氏杆菌。

但是，只要把食物煮熟，这些细菌就很难存活了。这也是为什么世界卫生组织建议"奶粉要用70℃以上的水冲泡"，因为只要温度不够高，宝宝就可能有感染的危险。简单地说，家里食物最好的消毒法，就是把它煮熟。

那么，营养怎么办？不会流失吗？事实上，我们从食物中得到的营养成分，主要是淀粉、蛋白质、脂肪、维生素、矿物质以及帮助肠胃蠕动的纤维。这六种成分，只有维生素会因煮熟有流失的可能，其他在非油炸的 100℃高温下，几乎不会有什么改变。通过将食物煮熟，不仅可免去感染的风险，也可以保存大部分的营养。至于会因煮熟而流失的维生素，只要吃点水果就解决了。

以上五大原则，提供给爸爸妈妈来对抗排山倒海的儿童饮食建议或广告。掌握这些技巧，以后帮孩子准备食物的时候，再也不用提心吊胆。让孩子不必紧张兮兮，好好享受"吃"，就是爸爸妈妈提供给孩子最棒的礼物之一！

东补西补，补进商人的口袋

上一节我已经提到，凡是装在瓶罐里的东西，都不是儿童必需且能够长期服用的。我在这里特别点名一些常见的误区，希望家长别再花冤枉钱，东补西补，都补进商人的口袋里。

婴幼儿需不需要补钙？

从来就没有一个时代像现在一样，对于"给儿童补钙"这件事情如此疯狂。很多人认为，在婴幼儿时期，宝宝骨骼发育非常迅速，对钙的需求量比较大，因此能够提供的钙质越多越好，这是很大的误区。

要知道，这世界上没有一个研究显示，摄取较多的钙质就能长得又高又壮。钙质只是骨骼的成分之一，所谓的骨骼强健，并不是钙越多越好。有一种罕见的疾病叫作"骨质石化症"，患有此病的人骨骼中的钙质太多，骨骼硬得不得了，结果反而常常骨折，因为这样的骨骼一点弹性也没有。

中国瓷器看似很硬，摔在地上一下子就粉碎了；竹子风一吹就弯腰，但搭起简单的茅草屋却不会断裂。我们希望骨骼要坚固又有弹性，而不是一股脑儿地补钙补到骨头硬邦邦，想明白这个道理之后，就不会再有人拼命补钙了。

也许您会问："可是黄医生，不是说喝牛奶会长高，牛奶中就有丰富的钙质，难道错了吗？"这句话说对了一半。喝牛奶会长高是对的，但是长高的原因并不是钙质本身，而是牛奶中所含的其他促进生长的营养，比如说类胰岛素生长激素。

网络文章误区大破解

不易入睡、夜惊、夜啼，并不是宝宝缺钙的表现。

宝宝不易入睡有很多原因，几乎都跟缺钙无关。年龄在三个月之前，也许是生理或心理原因引起的肠绞痛；七八个月大的宝宝，通常开始产生分离焦虑，和妈妈同床共眠也许就可以解决问题；更大的孩子夜惊，则像是梦游一样，不需要担心，只要白天少看一些太刺激的电视、电玩，就可以改善。

夜间盗汗，也不是缺钙的表现。

婴儿的自主神经还未发育成熟，因此常常在晚上熟睡时会盗汗、手脚冰凉，这都是正常的反应，跟缺钙一点关系也没有。有些宝宝甚至盗汗至枕头全湿，可是摸摸手脚却又是冰凉的，害得爸爸妈妈不知道该脱衣服，还是要添。解决的方法是，不论室温高低，爸爸妈妈穿几件觉得舒服，宝宝就穿几件。孩子的床可以铺上毛巾或保洁垫，若盗汗全湿，就抽掉换一条新的，不需要叫醒宝宝。

烦躁、爱哭闹、坐立不安，赶快看医生。

宝宝没由来地哭闹，除了心理因素造成的肠绞痛之外，通常是真的生病了，比如说牛奶蛋白过敏、胃食道逆流、中耳炎、尿道感染等等。总之快去看儿科医生就对了，在家乱补钙片是没有用的。

出牙晚、牙齿排列参差不齐，和孩子体质有关，跟缺钙无关。

每个宝宝长牙的时间各有不同，有人四个月就冒牙，也有的晚至一岁后才长，这都是正常的，与体质相关，和缺不缺钙无关。如果遗传妈妈的樱桃小嘴，口腔空间较小，牙齿没地方可长，可能也会参差不齐，但是依然跟缺钙无关。总而言之，从一岁开始定期看儿童牙医，平时注意口腔卫生，不要乱补钙片，才不会舍本逐末。

枕秃圈明明就是正常的。

在出生之后，因为新陈代谢较快，婴儿会经历一阵子的掉发期，常常发生在后脑勺处，形成一圈"枕秃区"。有些宝宝睡觉时会左右甩头，家长还误以为是因此而把头发都磨秃了，其实这都是庸人自扰。更别提这枕秃圈和缺钙有关了，根本是八竿子打不着关系的事儿。

前囟门闭合延迟、骨关节畸形、肌肉肌腱松弛、串珠肋肋软骨增生等等，是维生素 D 缺乏所造成的佝偻病症状。

的确，佝偻病孩子的血液中钙浓度可能稍微偏低，但补充钙片是无法解决佝偻病症状的。佝偻病有些来自先天性遗传疾病，有些则归咎于后天的阳光曝晒不足或营养不良等原因。这三种因素都会让孩子体内的维生素 D 过低，而维生素 D 的工作，就是把钙质吸收到骨头中，少了它，各种"骨头长不好"的症状当然就会出现了。

维生素 D 除了从食物中摄取之外，最重要的来源，就是让阳光洒在皮肤上，身体就会自然合成，因此生活在都市的孩子，维生素 D 缺乏的概率的确高了一些。若是妈妈自己很少晒太阳，却坚持纯母乳哺育，辅食又很迟才添加，宝宝本身也不晒太阳等等，在这些恐怖组合之下，也许佝偻病就会产生了。

因为疾病产生的根源在于维生素 D 的缺乏，所以就算吃了钙片，少了维生素 D，骨头还是得不到任何改善。因此最根本的解决方法，应该是多晒太阳，以及在医生的监督下，适当地补充维生素 D。

听信谣言喝错奶粉才会缺钙

要小心的是，如果宝宝喝的奶粉并不是符合检验标准的婴儿配方，内容物中的钙磷比失衡，那么的确会造成晚发型低血钙的可能。前一阵子我

107

所服务的儿童医院才诊断一例精神不佳、抽搐送医的宝宝，血液中的钙离子浓度很低，一问之下才得知，他们平常给孩子喝的奶，根本是大人的营养补充品！虽然盒子上写着大大的"添加钙质"，但磷的含量太高，导致钙质流失比补充更严重，才造成这种令人遗憾的事情发生。

完全不需要吃钙片或钙粉

总而言之，缺钙补钙这种民智未开的错误观念，应该从此刻开始停止了。如果您希望孩子骨骼强健、身体结实，那么"均衡的饮食，充足的睡眠，快乐的运动以及多晒晒太阳"，这四者才是家长应该努力的方向！

有研究显示，多吃深绿色与深黄色蔬菜，可以增加骨密度，因为这些蔬菜里的碱化矿物质含量比较高，比如说钾离子。另外，精致的肉食可增加骨密度。种子类、全谷类食物也都与骨骼发育有关，总之，均衡的营养才是长高的秘诀，别再迷信补钙这档事了！

吃了肉，就不会缺锌

除了补钙之外，近年来补锌也蔚然成风，不论是食欲不振、抵抗力不佳、发展迟缓还是妥瑞氏症，什么症状都跟锌扯上关系。事实上，跟补钙的逻辑相同，只要您所生活的地区并非营养匮乏的贫民窟，一般食物中摄取的锌就已足够，不需要额外补充。

母乳的初乳中锌含量较高。宝宝每天每千克体重需 0.3 ～ 0.6 毫克锌。肉类、鱼类以及其他海产品类食物含锌元素较丰富。网络上散布的许多缺锌的表现，都是在营养不良快要饿死的孩子身上才算数，家长不可捕风捉影，片面地判断宝宝缺锌，盲目给宝宝补锌。

抽血检验宝宝缺铁，才需要补铁

铁元素的日需要量为 10 ～ 15 毫克，母乳中的铁吸收率高达 50%。对于四个月以内的婴儿来说，一般不需要补铁。因为婴儿出生后体内有储备铁，可以逐步释放以供机体所需。四至六个月的宝宝，如果没有缺铁性贫血，您只需要给宝宝吃含铁丰富的食物就可以了。一般而言，营养均衡的膳食中的铁就足够其生长发育的需要。如果担心宝宝有缺铁性贫血，请到医院抽血检验，确诊之后，再在医生的嘱咐下补充铁剂。

如果任意购买铁剂乱补，可能发生的常见的副作用包括胃部不适、恶心、呕吐、腹泻等。

富含铁的食物有动物血、肝脏、瘦肉、蛋黄、大豆、黑木耳、坚果类、谷物、菠菜、扁豆、豌豆等。维生素 C 可以促进铁质的吸收，所以多吃水果，可以预防缺铁哦！

○至六个月的营养：配方奶

母乳的好处多多。举例来说，母乳可以减少婴儿感染症的概率，省钱，安全，营养均衡，使婴儿脑部发育较佳、智商较高，减少过敏、肥胖概率等，总之优点是"族繁不及备载"，这里就不再赘述。

然而，很多妈妈在喂母乳时面临许多困难，弄得身心俱疲，宝宝也很痛苦。医生都会说，只有非常少数（约1%）的妈妈才会母乳不足，只要有恒心、有毅力，喂母乳必定成功。但据我所知，很多妈妈已经非常有恒心及毅力，也苦撑了六个多月，母乳量依然不够宝宝喝，因此感到沮丧或自责。其实现在妇女因为平均生育年龄已经比过去高出五六年，生活及职场压力大，内心焦虑指数也很高，加上家庭支持系统薄弱，因此母乳不足的比例恐怕比1%高出许多。如果您也是其中之一，请不要难过或自责，这是很自然的现象。

黄医生聊聊天

我爱人生第一胎的时候已经三十一岁。她立誓要喂母乳喂到宝宝满一岁，而且因为有我这个专业人士在旁协助，她信心满满。没想到，不论怎么频繁地哺乳，奶量还是很少，她的压力非常大，心情十分沮丧，家人都安慰她说这是很正常的。后来不得已加上配方奶，还是尽力亲自哺乳到宝宝六个多月大，中途并没有放弃，我们对这个结果已经很满意了。

喂母乳

喂母乳分为"追奶期"和"稳定期"。

宝宝刚出生的头几个星期，奶量还不稳定，这一时期就是追奶期。追奶期通常是宝宝哭就喂奶，妈妈可能会辛苦一点，有时候甚至一个小时就喂一次。一般状况而言，这一时期约在两周之内。此时，一天哺乳 12 ～ 14 次都是很正常的，妈妈必须要先有心理准备。有些人追奶期很短，只要三五天母乳就如喷泉般涌出，这些妈妈反而要担心的是乳腺堵塞和乳腺炎；反之，有些人的追奶期长达两个月，一直很勉强才追得上宝宝的食量，这些妈妈也很辛苦。

要如何增加奶量呢？简单地说有四个条件：母婴肌肤相亲，妈妈睡觉睡得饱，喝水喝得够，心情放轻松。

我在门诊常常看到这样一个状况，越是想要纯喂母乳的高学历妈妈，追奶追得越辛苦；反而是那些纯朴的乡下姑娘，心思简单，奶水反而源源不绝。所以心情要放轻松，有规律地喂奶、睡觉、喝水，想太多反而奶量更少。

很多补品或饮品都号称有增加奶量的功能，然而从医学角度而言，这些食物的帮助真的不大；不如让我提供一个增加奶量的方法——宝宝出生后马上与妈妈肌肤相亲，开始吸吮乳房，并且每天持续进行这种脱掉衣服、肌肤接触的"袋鼠护理"，会让妈妈的奶量更多。再次提醒，宝宝和妈妈一定都要脱掉衣服，肌肤接触，姿势才会正确（天冷的话请开暖气）。

喂奶如此频繁，妈妈如何才能睡得饱呢？虽然说宝宝饿了就喂，但有些宝宝边吃就边睡着了，结果一餐拖到一个多小时，宝宝马上又饿了，结

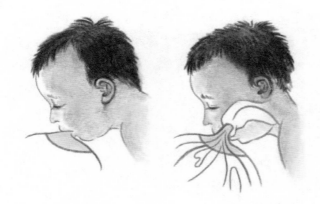

图 4-1：不正确的含乳姿势——乳晕外露，宝宝没有与妈妈肌肤贴紧，若乳头感到疼痛，该立即改换姿势。

果变成一整天都挂在身上。要解决这个问题，有两个方法：一个就是躺着喂奶，绝对不要坐着喂，当宝宝睡着时，妈妈可以一起睡着，这是许多母乳专家所建议的。事实上，正在泌乳的妈妈因为雌性激素的关系，会很想睡觉，这是自然的现象，可以放心地睡着。

另一个方法是，每次喂奶时间不要超过30分钟，每一侧乳房约10～15分钟（有些妈妈单侧就够宝宝喝了）。如果宝宝吃几下就开始犯困，表示奶水流速太慢，此时用手挤压乳房，可以帮助泌乳量大一点。15分钟后，宝宝如果已经吃饱，就会张口松开乳头，这一餐就结束了；如果还没吃饱的话，将乳头从宝宝口中轻轻拔出，换一边继续喂15分钟。两边都吃完了，妈妈就喝一大杯温开水（或者任何汤汤水水都可以，喂奶是很口渴的事情），翻个身倒头就睡，等宝宝又哭时再起来喂奶。心里要很笃定，想着"我已经尽力了"。

如果宝宝一离开妈妈的怀抱马上啼哭，请家人先安抚宝宝，或补充"少量"配方奶止饥，让妈妈睡一个小时以后再说。至于奶量丰沛的妈妈，也必须花时间挤奶与硬块，所以一定要留一些时间让自己放空地熟睡。

等到奶量已达稳定期（通常是一个月之后），就可以开始固定每两个小时到三个小时喂一次，但四个小时就太久了。白天如果已经超过三个小时没有哺乳，而宝宝在睡觉，可以轻轻地把他摇醒喂奶；夜间则可以允许连续五个小时不哺乳，不用摇醒宝宝。三个月大之后，如果宝宝的食量很好，

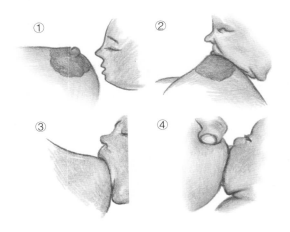

图 4-2：正确的含乳姿势

婴儿上下唇应该都是外翻的，而
且妈妈的乳晕几乎都被含入口中，
这样才不会痛。有少于 1% 的宝
宝，因为舌系带过紧，导致无法
正确含乳。如果有这样的情形，
请和您的医护人员讨论是否需要
手术。

妈妈又不会溢奶，白天甚至可以延长到四个小时喂一次奶。

我知道有一些育婴书籍建议，可以出生后就四个小时喂一次奶，但是
对于一些奶量较少的妈妈而言，这样做一定会失败。要实现宝宝出生后不
久就四个小时喂一次奶，宝宝必须天生胃容量够大，又不会吐奶，妈妈本
身也得是奶量丰沛型的，才有可能一个星期就达到稳定期，这种组合可遇
而不可求。

黄医生聊聊天

我见过许多妈妈，喂奶的时候很紧张，过程又很冗长，不知何
时该停止，导致睡眠时间太少，醒着时还被强迫一直吃东西，花生
炖猪蹄、鲈鱼汤、麻油鸡、发奶茶，吃得压力好大，母乳反而越来
越少。

如何知道宝宝有没有吃饱？这是很多亲喂母乳的妈妈心中的疑惑。一
般来说，每天如果有三次大便，尿布有沉甸甸的六包以上（此标准适用于
六天大之后的婴儿，一般宝宝第三天尿三包，第四天尿四包，第五天尿五包，
第六天以上都是六包），就表示宝宝吃饱了。

另外，在正常的状况下，宝宝出生后体重会减轻，一直到十四天大时，体重才会恢复到出生时的水平。如果出生两周内宝宝恢复到了出生时的体重，并且之后持续增加，就表示宝宝吃饱了。

最后一个指标，就是喷乳反射。一般妈妈在两三周后，奶量应该多到有喷乳反射才对。如果一直没有喷乳反射，表示奶量还不太够，仍需继续努力让奶量增加。

有妈妈跟我说："因为产假休完要上班，不能再亲喂，所以要提早改用奶瓶装母乳喂食。"这样做的话，小心会有乳头混淆的问题发生。让宝宝太早接触奶瓶，可能会因此不肯吸妈妈的乳头。万一真的发生乳头混淆，妈妈会因为缺少宝宝的吸吮刺激而使奶量减少，最后不得已只好添加配方奶，那就前功尽弃了。上班之后的安排，等真正上班时再来烦恼就好了。

如果您还没有放弃喂母乳，只是奶水真的很少，而新生儿体重又掉得很多，想用配方奶"挡一下"，却不希望造成乳头混淆，怎么做呢？有一个方法，就是将"婴儿喂食管"贴在妈妈乳房上，让他吸的依然是妈妈的乳头，喝到的却是补充的配方奶。如果以后妈妈的母乳又多了起来，再回到纯母乳的阶段，就不再需要婴儿喂食管，宝宝也不会有乳头混淆的问题。婴儿喂食管的使用方法，请与您的儿科医生讨论。

黄医生聊聊天

瓶喂的婴儿长大后肥胖的概率比较高，即使瓶子里面装的是母乳也一样。因此，如果要让宝宝习惯瓶喂，至少要等宝宝一个月大以后再开始。

亲喂的母乳有"前奶"与"后奶"之分。"后奶"部分的脂肪含量较高，容易让宝宝有饱足感。把母乳挤出来瓶喂并不是不可以，只是这有点像我们在吃西餐时，把前菜、主菜和点心全部丢到果汁机混合以后呈上，似乎并不是很可口。

喂母乳的宝宝不用喝水。拍嗝只是安抚作用，并不一定要听到"嗝"一声才肯罢休。有些特别容易溢奶的宝宝我会建议拍嗝，可以减少溢奶的次数，其他宝宝则不拍嗝也没有关系。哺乳完毕的时候，若宝宝已经睡着，更不需要把他吵醒拍嗝。母乳冷藏可以放三天，冷冻则可放三个月，但解冻后不可再冻回去。

喂配方奶

刚刚说了一大堆母乳的好处，换言之，即是配方奶所不具备的优点。配方奶里没有抗体，因此失去了母乳在免疫上的许多优势。然而，在有些状况下，还是会给宝宝喝配方奶。以下是一些可能的情况：

🌓 宝宝出生后体重下降超过10％以上，可以稍微添加配方奶"挡一下"。母乳当然还是要继续哺喂。

🌓 妈妈有艾滋病，或者正在化疗，或者正在服用一些特别的药物。（请与您的儿科医生确认是否能哺乳，不建议与其他非妇、儿专科医生讨论）

以下都不是使用配方奶的理由：

🌓 觉得宝宝好像没吃饱？请勿凭感觉。分辨宝宝是否吃饱的方法在上文有叙述。

🌓 黄疸？黄疸绝对不是停止喂母乳的理由！如果有任何医生或亲戚因为宝宝黄疸而建议您"停止母乳，改用配方奶"，请不要接受。当然，暂停一两天是可以的，但还是要持续挤奶。

🌓 喝母乳比较容易拉肚子？绝对错。正常的母乳便本来就稀稀黄黄的，并非宝宝吸收不良。

🌓 其他误解：包括乳腺炎、感冒、吃感冒药等，还有一大堆稀奇古怪的理由，大部分都不是停止母乳的原因。

现在高龄产妇越来越多，如果您已经很努力，然而乳汁依然不是很足，或有其他不可抗拒的理由，必须使用配方奶，那么可以选择您喜欢的品牌。选配方奶的原则很简单：只要是大品牌的婴儿奶粉即可。网络上有很多以讹传讹的谣言，都没有科学根据，比如说：

🌑 某些牌子的奶粉容易引起便秘，某些不容易？此论点并没有依据，而且某药店工作人员介绍的不容易便秘的品牌，可以是另一位药店工作人员不推荐的，这种相互矛盾的状况比比皆是。

🌑 喝羊奶不容易过敏？完全没有科学根据，而且还比较贵。

🌑 某些牌子的奶粉添加某种营养素，或者添加益生菌，号称比另一个品牌好？事实上无从比较。

现在的婴儿奶粉，都必须符合世界卫生组织（WHO）的婴儿奶粉规范才能通过审查，也就是说，不管什么品牌，成分应该都大同小异。但是没听过的小品牌也许是有毒的黑心奶粉，因此还是避免为妙。通常国际大厂的生产线比较完整，看某品牌是否同时拥有早产儿奶粉、水解蛋白奶粉、无乳糖奶粉等产品，这可以作为其是否为"大厂"的指标。

如果您的家族有过敏史，可帮宝宝选用"部分水解蛋白奶粉"。但是这些孩子使用水解蛋白奶粉，只能获得"等于"母乳对过敏的帮助，并不能"超越"母乳的效果。挑选水解蛋白奶粉的原则也一样：大品牌即可。还有一种配方更严格的"高度水解蛋白奶粉（或称全水解奶粉）"，是留给严重牛奶过敏的宝宝吃的，一般宝宝就别尝试了，对胃肠道可能不见得好。

根据研究，对牛奶过敏的宝宝同样也会对羊奶过敏，因此遇到过敏情况时，羊奶并不能作为备选。

选好了配方奶，就依照罐子上的指示，上面写怎么泡，就怎么泡。奶粉罐里附赠的匙子通常有三种：一种是加 30ml 开水的小匙，另一种是配 50ml 开水的大匙，还有一种更大的匙子是配 60ml 开水的，爸爸妈妈们一定要仔细看清楚再泡。先在奶瓶中加入 70℃以上的开水（为了杀菌），然后加入适量奶粉，拧紧摇匀后，在冷水龙头下冲凉，滴一滴在自己的手背上试试温度，感觉不太烫的话就可以喂了。

第一个月一天约喂六到八餐（每餐间隔三个小时），两个月之后可以改成一天喂五到六餐（每餐间隔大约四个小时）。喂配方奶最怕的并不是吃不饱，反而是喂太多，因此千万不要强迫喂食。

每天的总奶量平均约150×千克体重（单位：ml），但仍要视宝宝本身的体质和需求而定，有些宝宝的奶量甚至要打七折，就足够维持正常的生长曲线，所以千万不要拘泥于数字。奶量的计算应看"加入的水量"，而不是"泡出来的刻度"，这点常常被误解。容易溢奶的宝宝则不适合强制性地四个小时喂一次，应该少量多餐，改三个小时喂一次，并减少每次喂食的奶量。

黄医生聊聊天

有些妈妈因为喂母乳失败，就一股脑地喂配方奶，将母乳完全停掉，这是没有必要的。就算没有办法喂纯母乳，让宝宝两种奶搭配着喝，还是有某种程度上的好处，所以妈妈千万不要放弃啊！

四至十二个月的营养：添加辅食

　　虽然世界卫生组织建议宝宝六个月大以上再喂辅食，然而世界上其他的儿科学会都建议四个月以上就可以开始了。新的研究发现，四到六个月就开始吃辅食，反而可以增强对食物的耐受性，进而减少食物过敏的概率。而且根据我的临床经验，稍微提早一段时间吃辅食的宝宝，日后辅食添加的质与量，都比较晚才开始吃辅食的宝宝要好。当然，我并不是建议四个月就开始给婴儿喂大鱼大肉，而是要少量、多样地进行。

　　市面上有很多书籍，在网络上也有不少热心妈妈提供辅食的经验，都很不错，只要有心研究，信息很容易取得。但是，因每个家庭状况不尽相同，信息太多，家长反而不知从何开始。尤其是忙碌的双薪家庭，白天往往将小孩交给保姆或老人家，事情又变得更加复杂。

　　要注意：如果四到八个月这段黄金时期都没有添加辅食，不只是会让宝宝得过敏疾病的概率大增，甚至也会造成日后的偏食挑食问题。有些宝宝到最后一直以奶为主食，导致体重停滞不前，甚至出现便秘、情绪不佳、常生病、抵抗力变弱等问题，直到上幼儿园为止。何苦来哉！

　　别担心！我的添加辅食的方法很简单，只要照着我的方法做，再笨的人（像我本身就是厨艺白痴），也可以为宝宝提供很好的营养。

四个月到五个月：测试孩子的吞咽能力

在宝宝四个月到五个月之间，选个日子，就是您家的宝宝开始对大人的食物感兴趣的那一天，即可开始尝试。大人的餐桌上有什么软食，可以压碎、剪烂的，都可以给宝宝尝试一小口。宝宝在这个年龄有所谓的"吐舌反射"，会用舌头将固体食物顶出嘴巴，不过待吞咽能力成熟后，此反射就会消失，也就表示可以开始吃辅食了。

有些家长开始添加辅食的方式是"将米精或麦精跟奶混在一起喝"，这是错误的做法。这样添加的米精量只有一匙，热量很少，却让家长误以为"已经添加辅食了"，并且完全没有训练到宝宝吞咽或咀嚼的肌肉。

黄医生聊聊天

除了世界卫生组织建议六个月才吃辅食，美国儿科学会仍然维持婴儿四到六个月时就可以开始添加辅食的说法。

世界卫生组织必须顾及全球的状况，包括参考大部分生活在落后国家的婴儿的状况来制定指引，而这些国家普遍营养不良，唯有母乳是可以保证营养均衡的食物。至于先进国家和地区如美国和东亚，则不需要等到六个月才添加，这也较符合婴儿的生理状况。

五个月到七个月：开始增加食量与食物种类

等宝宝已经吞咽得很好之后，就可以开始我们的辅食大作战了。以前的专家会建议，增加食物的种类以"三天增加一种"为单位，但这已经是旧观念。新的添加辅食的观念是：坚持少量而多样化的辅食刺激，而不是单一食物连续喂好几天。

比如说，今天餐桌上大人的食物有胡萝卜，就用汤匙压烂或剪碎，然后直接喂入宝宝的口中。如若今天还有煮豆腐，也可以挖一小匙，直接塞给宝宝吃一口。一天不管给几种食材都可以，重点是量都不能多，一两口就好，也不要每餐都吃一样的食物。

为什么少量而多样化的辅食添加，会比同一种食物连续喂好几天更好呢？因为连续好几天吃同样的食物，容易让胃肠道免疫系统无法负荷，进而诱发过敏反应；反之，少量而多样化地给予辅食，就像是每天都上不一样的课，而且分量也不是很多，这就符合免疫训练的原则了。以前就有很多妈妈问我，孩子光是吃米糊，连续两三天就产生过敏，害她第一步就受挫，不知道要怎么继续喂。其实，如果一天只是吃个一两口，搭配的其他食物也是少量地吃，就不会发生这种事情了。

如果还不是很明白的话，我再打个详细的比方。想象一下，把给婴儿添加辅食当作是在给宝宝的免疫系统上课。一般学生的课程表的规划，一定是每天都上很多不同的科目，比如说语文、英语、数学、音乐等，但每种科目只上一堂课，这就是"少量而多样化"。你不会看到课表是连续三天二十一堂课，通通都上英文，然后再连续三天上数学，这样的教学刺激太过强烈，一定会让孩子产生厌学心理。添加辅食就是在训练肠道的免疫系统，给它们上课，因此道理也是相通的。

课程表

课程 时间 午别	节次	时间	星期一	星期二	星期三	星期四	星期五
上午	1	8:10～8:50	数学	语文	数学	语文	语文
	2	9:25～10:05	音乐	美术	语文	英语	语文
	3	10:20～11:00	语文	语文	语文	语文	数学
下午	4	1:40～2:20	数学	体育	语文	音乐	语文
	5	2:35～3:15	美术	数学	语文	数学	语文
	6	3:25～4:05	语文	班会	体育	数学	英语

课课表 ✗

课程 时间 午别	节次	时间	星期一	星期二	星期三	星期四	星期五
上午	1	8:10～8:50	数学	数学	数学	语文	语文
	2	9:25～10:05	数学	数学	数学	语文	语文
	3	10:20～11:00	数学	数学	数学	语文	语文
下午	4	1:40～2:20	数学	数学	数学	语文	语文
	5	2:35～3:15	数学	数学	数学	语文	语文
	6	3:25～4:05	数学	数学	数学	语文	语文

图 4-3：学校里少量多样化的教学模式，可以比拟我们给宝宝吃辅食的模式。
少量而多样化地进行辅食添加，会比同一种食材连续喂好几天更好。

我们的目标是，当宝宝八个月大的时候，应该已经浅尝过大部分山珍海味，包括各种蔬菜、豆类、鱼、鸡肉泥、蛋黄、水果等，只要没有过敏的症状，就没有禁忌。如果只是吃个一两口，基本上不太可能诱发过敏反应，就算是轻度过敏，也不需要太在意。只有发生明显的严重过敏迹象，才需要先暂停凶手食物两周，之后把分量减半再试一次。如果连续两次都失败，此食物可以等宝宝一岁以后再试试看。

　　试过多种食材后，如果宝宝对固体食物的接受度很高，就可以开始增加餐数：早上、中午与晚上三餐，都可以先吃一些辅食，再喝奶。时间究竟要在早上几点、中午几点、晚上几点，我说，随便。只要家人能配合，几点都好，吃到最重要。

　　也会有家长担心，说："黄医生，我们这样把大人的食物给宝宝吃，可是大人的食物都有调味，这样可以吗？不会太咸吗？"当然，如果家里常吃重咸、重辣或是不健康的食品，那么要改变的应该是全家的饮食习惯。但是一般家常菜所添加的盐分与糖分，对宝宝而言都是安全无虞的，完全不需要担心。在前面的叙述中已经提到，不要让小孩吃得像老人一样清淡；宝宝的肾脏功能这时候已经有成年人肾脏功能的七成，只吃几口食物，没有理由会造成伤害。

七个月到九个月：渐渐以辅食为主

　　这时候，宝宝应该已经达到刚才所提到的"三餐先吃辅食再喝奶"的阶段。随着宝宝的食欲不断增强，从八个月大开始，就可以直接把其中吃得最多、食欲最好的那一餐断奶，也就是说，那一餐只吃辅食，不喝奶。原则上，从八个月开始，可以每两个月断一餐奶，即八个月大时少喝一餐奶，十个月大时再少喝一餐，大约一岁的时候，就可以三餐都吃辅食，不需要喝奶，只要在一天中另外的时间喝两到三次就可以了。当然，奶量少了之后，从七个月开始，在餐与餐之间，就可以开始训练宝宝喝水。

　　很多宝宝到了六个月之后开始厌奶，喝奶的量还不如六个月之前，请放心，这是正常的。如果您的孩子的辅食依循我上述的方式添加，一天的奶量只需200ml～300ml就已足够，剩下的水分从食物中摄取，或者另外喝开水。

有些宝宝食量大，但是却对过于粗硬的食物感到畏惧。在这种情况下，可以先帮宝宝做综合食物泥。但是也有一些宝宝就爱吃有嚼劲的食物，那么也可以直接进入成人的食物世界，完全跳过所谓食物泥的阶段。

黄医生聊聊天

我以前帮我儿子做食物泥时，发明了一种老爸专用的"懒人电饭锅法"。在电饭锅里放入两三种不同颜色的蔬菜（如花椰菜、胡萝卜等），放一些富含蛋白质的食物（如豆类、蛋黄、鱼或肉），再加上糙米，营养就非常均衡，什么都有了。蒸熟后放入果汁机或食物搅拌机，打成泥状，再用婴儿食物盒（或是冰块盒）分装成一份一份的，冷藏或冷冻起来，要吃的时候再用微波炉或电饭锅加热即可。这种做法虽然很没大脑，但是又快又方便，营养也可以完整添加，我称之为"婴儿的分子美食"。

当食物泥做出来之后，一定要自己挖一小口尝尝。如果淡而无味，可以加点盐巴、糖或者橄榄油，都没有关系。幼儿的肾脏功能好得不得了，没有理由不能加点盐巴、砂糖等，当然适量即可。想想看，如果连做家长的您都觉得很难吃，怎么能要求宝宝把食物吞下肚呢？

我建议吃糙米粥，会比白米好，因为糙米的壳非常有营养，对宝宝很好。蔬菜蒸久了会黄掉，所以也可以另外清烫后，再跟糙米糊混合搅拌。如果宝宝吃得意犹未尽，吃完还想要吃的话，下一次就可以喂更多的辅食，奶量也要相应减少。

但是像我女儿，很早就排斥泥状食物，想直接吃带有颗粒口感的食物，我也从善如流，顺着她的意，直接喂她吃大人的食物了。

九个月到一岁

这个时期的宝宝，都应该开始尝试吃有一点点带有颗粒感的东西，就算是做食物泥，也可以不用再打得很均匀。有些小孩甚至喜欢吃饭粒而不是粥状物，当然也可以省去搅拌的步骤。

以下是德国医生提供给九个月大的德国小孩的一天饮食，一天三次辅食，喝两次奶（算两次半，其中一次和谷物打在一起），跟我上述的观念很类似，简单明了，各位家长可以参考一下，再根据我们本土的食材加以改变：

第一餐（早上七点半）：母乳或配方奶；

第二餐（早上十点）：同第一餐；

第三餐（中午十二点）：蔬菜＋马铃薯、碎肉泥，加点橄榄油；

第四餐（下午三点半）：谷物＋水果；

第五餐（下午六点半）：牛奶谷物泥。

一岁的孩子就完全可以吃大人的食物了，此时我建议家长准备一把熟食专用的剪刀，不论是在家，或是出门外食，都可以帮孩子把合宜的食物剪成碎片再让他们吃，就很方便了。吃饭的时间可以开始跟大人的三餐同步，活动量大的孩子甚至可以在下午增加一餐点心时间。如果食用辅食的量很多，记得要给小孩喝水。

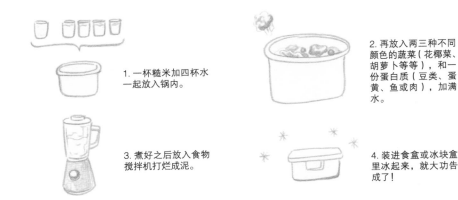

1. 一杯糙米加四杯水一起放入锅内。

2. 再放入两三种不同颜色的蔬菜（花椰菜、胡萝卜等等），和一份蛋白质（豆类、蛋黄、鱼或肉），加满水。

3. 煮好之后放入食物搅拌机打烂成泥。

4. 装进食盒或冰块盒里冰起来，就大功告成了！

图4-4：黄医生的婴儿电饭锅料理

黄医生聊聊天

　　很多妈妈怀疑，宝宝吃东西几乎都是直接吞的，好像没什么咀嚼的动作，这样可以吗？答案是可以的。事实上在三岁之前，很多小孩吃东西都是囫囵吞咽的，别担心，他们的肠胃功能好得很。

一岁后的麻烦：喂食困难

我们上一代的长辈中，可能还有童年时因贫穷而遭遇营养不良的情况，但在二十一世纪的今天，食物的获取对大部分家庭来说已不成问题，反而是"喂食困难"成为父母的烦恼。

根据统计，约有20％～60％的家长反映自己的孩子有挑食、吃太少等各式各样的喂食困难。年轻父母常以强迫喂食的方式试图改善问题，但这很容易造成紧张与对立；老一辈的照顾者则采取放任态度，让孩子自己挑选食物，导致营养不均衡或生长迟滞。

基本上，孩子喂食困难的诊断与处理牵涉三个因素：孩子本身、照顾者的态度以及喂食环境。这三个因素相互影响，如果要解决孩子的喂食问题，必须三者同时检视，才能真正找到症结所在。

喂食困难分为六种情形，除了最后两种因为慢性疾病，或忽视与虐待造成的喂食困难需要医疗协助，其他四种喂食问题，都可以借由父母或照顾者的调整与配合，得到改善。下面就让我来简单介绍一下这六种情形：

父母过度担心

这类孩子虽然体型偏瘦小，但其实整体成长是符合标准的，所有的疑虑皆来自父母过度的期待与要求。如果继续强迫孩子进食，不但会破坏亲子关系，还会让孩子转变为"畏惧进食"，也就是我们说的第三种喂食困难的情形。

这种状况下，需要教育的应该是家长而不是孩子。爸爸妈妈可以替孩子的生长曲线做记录，知道孩子属于此年龄层的第几百分位，预测未来生长的趋势。3%的小孩，到六岁也还是3%，不可能跳到97%，自己跟自己比就可以了。另外问问祖父母与外公外婆，爸爸妈妈本身小时候是否也属于"慢熟型"的小孩，如果也是，就可以缓和对孩子慢熟的焦虑。家长要知道的是，一岁以下的宝宝可以长得很快；但是到了一岁以上，有时候一年只会增加两公斤左右，甚至三四个月体重都没有增加，这些都是正常的现象，不需要担心。

此时家长若强迫喂食，只会让孩童发生"进食恐惧症"，他们会以哭闹、弓背、嘴巴紧闭等行为来抗拒进食，让亲子喂食关系更为恶化。

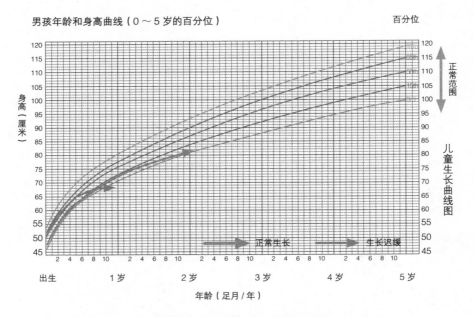

图4-5：孩子的生长曲线不见得是一条线，大部分时候是停停走走的阶梯状

3%的小孩，到六岁也还是3%，才是正常的现象，不可能跳到97%，自己跟自己比就可以了。如果体重跌落两个等级的百分位，比如说50%变成3%，就必须要就医，找出营养不良的原因。

活泼好动的小孩，但胃口有限

　　这是孩子一到五岁时产生喂食问题最常见的状况。这类孩子的特征是：吃东西不专心，容易被其他事物吸引，吃一两口饭就跑走，家长每次喂食都要连哄带骗，到处追着跑。家长处理的方法不管是听之任之，还是强迫孩子进食，效果都不好。这种状况的主要处理方法，是借由增加饥饿感和吃东西后的饱足感，来促进孩子的食欲。

　　事实上，每个孩子的脑部都有一个饥饿中枢，饥饿中枢会告诉孩子"饥饿的程度"，进而决定他应该吃多少东西。但是家长们皆倾向于替孩子决定食物的多寡，让饥饿中枢的功能被忽视，长期积累下来，孩子就以不肯吃饭作为无声的抗议。根本的解决方法，就是将"吃多少"的主导权还给孩子，家长只需要负责"食物的营养与热量"。这样一来，经过大约两到四周的调整，孩子的食欲就会有改善的倾向哦！

　　那么，我们该怎么做呢？这里提供六个方法供家长参考：

　　🌰 训练孩子的饥饿感。如果孩子随时可以喝牛奶、果汁，吃牙牙饼、点心，那么他根本就不知道什么是饥饿感。所以，我们应该让孩子了解什么是"饥饿"。订下规矩，一天除了三个正餐与下午的点心时间，两餐之间不准吃其他东西，只能喝白开水。正餐时间到了，让孩子坐在餐桌旁，将食物准备好。如果孩子选择不吃，20分钟之后就"面带微笑地"把食物收起来，这餐就让他饿肚子没关系。您必须尊重他的选择。事实上，一天少吃一两餐，我保证对他也不会有什么伤害。让孩子感受饥饿，是训练孩子的饥饿中枢的最好方法。当孩子了解到饥饿感之后，就会好好把握能够吃饭的时间。

　　🌰 让他自己吃饭。当孩子到了一岁三个月至一岁半左右、已经会拿汤匙的年纪，就让他学着自己吃饭。如果您还在替他拿着汤匙，面带微笑，口出"啊——"声，试图骗取孩子一丝丝的同情，要他勉强张开尊口吃下那一点点食物，请停止这些举动吧！

吃饭时间，将食物放在餐盘上，让他自己拿食物吃，吃多吃少，由他自己决定。孩子常常反复，一下子希望独立自主，一下子又期盼依赖感；有时想自己吃，有时又希望妈妈喂。当他要你喂时，喂一下没关系，而当他不想让你喂时，就让他自己吃。

🍘 替他准备切丁的熟食或水果，可以用手抓取。这种切丁的小食物我们叫作"finger food"，也就是小孩可以自己用手抓取的食物。弄一盘切丁的熟食或水果，让孩子自己决定想吃什么、吃多少，也可以训练孩子手指的小肌肉。切丁的小食物有两个条件：第一就是要软硬适中，太软抓不起来，太硬又可能会呛到；第二个是大小适中，最好是孩子抓起来后可以直接放到嘴巴里。

举例来说，煮熟的苹果丁、胡萝卜丁、花椰菜丁、马铃薯丁等，都是很好的 finger food。一般来说，八到十个月以上就可以开始吃这种切丁大餐了。孩子会有一边游戏一边吃饭的愉悦感，最重要的是，他会认为自己主导着这一餐。

🍘 不要准备太多食物给孩子。太多食物会让孩子倒胃口，因为他无法吃完这么多东西，会由此产生挫折感。最好弄个大大的盘子，里面只有少少的食物，让孩子全部吃完，满足他的成就感。如果他还饿，跟您讨食物，就再分给他一些。另外，不要跟您的孩子赌气，故意每一餐都放他最讨厌的食物（比如，您认为很营养的花椰菜），这样好像在挑衅一样，孩子会放弃吃那一餐，反而更糟。

🍘 每天喝奶的次数降为一次以下。

🍘 吃饭气氛要愉快。这一点非常重要！别开电视，别吵架，别讨论严肃的话题，更不要在孩子面前讨论他不肯吃饭的问题。孩子吃完后，不需要称赞他，吃不完也不要责怪他，让他知道吃饭是为自己而吃，而不是为了取悦父母。如果家人都吃完了，只剩孩子还没吃完，若他不想再吃，就把桌子收拾干净，吃饭时间就结束了。千万别把孩子一个人留在餐桌上，撂下一句"没吃完不准给我下来"之类的话，这样只会把情形弄得更糟糕。

畏惧进食

这些孩子可能曾经有过被强迫喂食，或者呛到、噎到以及呕吐等非常不舒服的经历，因而对吃东西产生明显的畏惧心理。另外有些孩子是由于曾经历过鼻胃管喂食，在换回自主吞咽的过程中，没有经过好的喂食技巧训练所导致的。

这时候，家长必须停止强迫喂食，改在孩子放松或想睡的时候喂食，减少孩子畏惧进食的敏感度。另外，也可以改变喂食的器具，比如说孩子很怕奶瓶，可以改用杯子或汤匙等。至于曾经使用过鼻胃管的孩子，必须咨询复健科医生正确的喂食技巧，改正喂食方式。

选择性挑食

儿童挑食的问题，解决方法其实很类似。挑食的孩子摄入的食物量可能很够，热量也足，只是不肯吃某一类型的食物，比如说蔬菜，或者是肉。每次吃饭的时候，他们就把讨厌的那一种菜推到盘子边缘，死都不肯碰。如果家长强迫他们把东西吃下去，孩子可能会有作呕的状况，甚至真的吐出来。

有时候挑食的原因，是因为扁桃体肿大，呕吐反射过度敏感，因此碰到大块的食物，或者太硬的食物，就会想吐。既然孩子不是故意的，知道这个状况之后，就可以烹煮较软的食物，或者将食物切小块一点。

遇到挑食的孩子，最忌跟他硬碰硬。基本上，很少有食物是不能被取代的，比如说不爱吃肉，那么鱼、蛋以及豆类都可以提供足够的蛋白质；再比如说不爱吃蔬菜，那么水果当中含纤维质较多的柑橘类、葡萄、奇异果等都可以提供几乎足够的营养。顺着他喜欢的食物，寻找营养均衡的组合。如果不是很确定，可以请儿科医生帮您请营养师一起会诊讨论。

要训练孩子吃他讨厌的食物，可不定时提供一点点让孩子再度尝试，但也只是要让他有这个机会而已，一定不要强迫他食用。若孩子肯尝试，此尝试可能要重复十到十五次以上，他才可能真正接受，千万不要心急。

就算孩子吃了那一小口，也不要表现得好像中彩票一样高兴，控制一下您的情绪，保持中立态度，才不会给孩子太大的压力。

不要跟挑食的孩子谈条件，比如说"吃点花椰菜就给你布丁"之类的。有些妈妈心里焦急，隔三岔五地警告孩子挑食的坏处，尤其是在用餐的时候啰唆，让吃饭的气氛变得非常不愉快。还有一种刚刚提过的不好的状况，就是家人都吃完饭，留下孩子一个人在饭桌旁暗自"垂泪"——面对一小碟不爱吃的青菜，孩子不肯吃，父母不肯让步，就僵持在那里。这些适得其反的做法都非常不可取，不要让吃与不吃这件事，成为您与孩子之间的隔阂，更不要让它成为孩子控制您的武器。

总而言之，面对挑食的孩子，就是要做到"诱导但不强迫、尊重孩子的喜好、寻找替代食物、保持情绪中立"这四个要点。

遭到忽视或虐待而营养不良

这类孩子是真正的营养不良，大部分发生在经济状况较差的家庭，照顾者不尽责甚至忽视，或者照顾者／孩子本身有精神官能方面的疾病，无法过正常生活。这类孩子通常各项发展都较为迟缓，体重下降，免疫力差，并且营养不良，必须会同社工处理根本的问题。

因慢性疾病影响食欲

这类孩子是因为慢性肠胃疾病、皮肤病、自闭症或其他身体方面的疾病而影响食欲，要通过治疗其根本的疾病才能解决喂养问题，需要专业的医生评估后，依照病情做进一步处理。

喂食困难之重点整理

🌓 父母过度担心。

孩子的胃口好像有限，但事实上营养需求已经足够。

出生时就瘦小，或者是早产儿。

孩子虽然瘦小，但参照父母的平均身高后属于正常范围。

🍘 活泼好动的小孩，但胃口有限。

孩子活泼好动，但是很少有肚子饿的迹象，对吃东西缺乏兴趣，比较喜欢玩耍以及与人互动。

孩子吃一两口就饱了，而且进食的时候容易分心，很难乖乖地坐在餐桌旁。

🍘 畏惧进食。

孩子对于喂食表现出明显的恐惧，一看到食物或奶瓶就有哭闹、拒绝张开嘴巴等反应。

曾经历过不愉快的喂食经验（如噎到，或透过鼻胃管喂食等）。

🍘 选择性挑食。

孩子因为某些食物的气味、质地、外观或温度，产生抗拒感而拒绝食用。

除了食物，对于其他事物也有同样敏感与挑剔的状况，如声音、身上的饰物、光线等。

🍘 遭到忽视或虐待而营养不良。

🍘 因慢性疾病影响食欲。

第 五 章

孩子生病了！

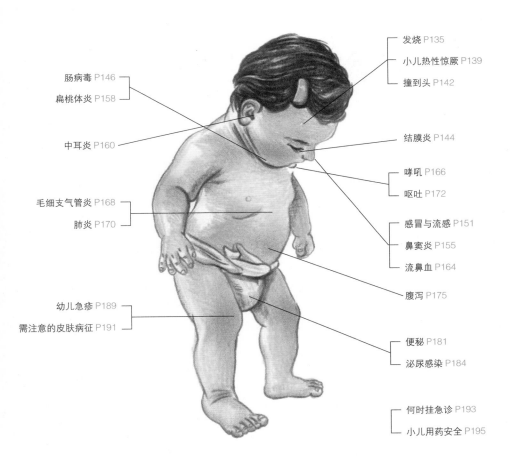

身为儿科医生，每天面对最多的，莫过于生病的小朋友了。现在的家庭，每个孩子都是宝，一旦生病了，家长难免忧心如焚，一方面希望孩子赶快康复，一方面也想知道为什么生病，要怎么预防。

根据我的了解，网络上其实已经有非常多的与疾病相关的卫教文章，随便搜寻就可以轻松获取。然而我发现，这些文章经常以医生的角度来描述疾病，使用许多医学专有名词，一般的家长真的很难看懂。

基本上，大部分的父母并不想知道流行病学，也不想知道某种细菌的界门纲目科属种等太专业的信息，他们想了解的应该只是"怎么照顾"和"如何预防"这两件事吧！不是吗？所以我的卫教文章，将尽可能提供这两个方向的内容，虽然做不到尽善尽美，但至少能让大家轻轻松松地阅读，不再因为孩子生病而焦虑。

发烧

小儿发烧是家长最常遇到，也最令家长担忧的问题。接下来，我简单地介绍一下发烧问题，希望能帮助父母对小儿发烧有更清晰的了解，从而不再害怕。

发烧的定义

　　发烧的定义是肛温（或耳温）≥ 38℃，口温（包括奶嘴温度计）≥ 37.5℃，腋温 ≥ 37.2℃。

　　六个月以下的孩子用耳温枪测量出来的温度可能不准，但可以当作参考，再测肛温确认。

　　如果父母觉得孩子摸起来比平常热，请不要忽略您的直觉——很可能是真的在发烧哦。赶快用体温计确认一下吧！

　　一般婴儿的体温比大人要高，如果穿太多，或洗完热水澡，或天气较热，有时候会上升至 38.5℃。若怀疑是假性体温上升，您可以让孩子安静一个半小时之后，再测量一次。

发烧的原因

　　来到医院的发烧病童，几乎 90％ 以上都是由病毒感染引起的。只有极少数是由于细菌感染，以及其他疾病引起的发烧。

🌰 请注意：长牙不会引起发烧。长牙真的与发烧无关。每次看门诊的时候，我都需要一直重复这句话，希望家长能改正这个不正确的观念。

病毒感染引起的发烧

🌰 人类会感染的病毒有上千种，大部分都无法验出。然而，会致命的病毒几乎都已经有疫苗，剩下的病毒只有少数会造成比较大的伤害（如肠病毒 71 型）。

🌰 包括流感病毒、轮状病毒、腺病毒、肠病毒在内的很多病毒都有可能引发高烧。

🌰 病毒感染导致的发烧，大部分在三到五天内都会自然退烧。治疗病毒没有特效药，大部分也没有对应的抗病毒药物，等孩子产生抗体之后自然就会退烧。

黄医生聊聊天

　　婴儿大约在六到八个月的时候开始长牙，此时也刚好是母亲送给宝宝的抗体渐渐消失的时候，因此比较容易受感染而发烧。这就是为什么很多人都以为长牙会发烧的原因。

面对发烧的正确观念

🌰 发烧并不是造成伤害的原因。发烧只是孩子生病的症状，找出引起孩子发烧的原因才是重点，退烧不是绝对必要的选项。

🌰 温度高低不代表疾病严重程度。孩子退烧时的活动力好坏才是疾病严重与否的重要指标。但是毋庸讳言的是，温度若超过 40℃，细菌感染的机率的确会稍微高一些。

🌰 发烧不会烧坏脑袋。发烧烧坏脑袋这种错误观念已经深植人心，常常造成医患沟通困难。过去的人认为发烧会烧坏脑袋，是因为以前发烧的孩子很多是得了脑炎，比如说日本脑炎、麻疹脑炎还有细菌性脑膜炎等。这些人是因为脑炎才坏了脑袋，并不是因为发烧本身。我举个简单的例子，一个肺炎的孩子发烧再怎么严重，也不会坏了脑袋；反之，一个脑炎的孩子不管发烧到几度，大脑都会有危险，希望读者可以理解这样的说明。

　　另外，只有约4%的孩子在发烧时会出现小儿热性惊厥的现象，那是体质问题，并不是每个人高烧时都会发生。即便您的孩子出现小儿热性惊厥，只要抽搐时间在数分钟内，就不会造成脑部伤害。

　　🌓 发烧是好事情。发烧可以提升免疫系统的效能，大量服用退烧药反而会降低免疫力，使病毒更不易被杀死。

发烧时的正常现象

　　🌓 用了退烧药依然不退，或者退了又再烧起来，比之前烧得更高，这是正常的！

　　🌓 发高烧时手脚冰冷发抖（畏寒），这也是正常的！

　　🌓 发烧时孩子懒洋洋的，觉得很不舒服，但退烧后又生龙活虎，这更是正常的！

正确照顾发烧孩子的方法

　　🌓 多喝水，但不需要强迫他。少量多次地喂水，冷热不忌。

　　🌓 既然发烧是好事，就不需要急于退烧。退烧的目的是让孩子舒服，一般而言，烧到39℃以上，孩子才会感到不适，此时再退烧即可，但状况因人体质而异。孩子若安安稳稳地在睡觉，没有因不舒服而哭闹，就不需要将他吵醒并强迫喂退烧药。

　　🌓 退烧药介绍：Acetaminophen 或 Ibuprofen 这两种药剂，是儿科最常使用的两种退烧药。Acetaminophen 中文翻译为扑热息痛，或叫作对乙酰氨基酚；Ibuprofen 中文翻译为布洛芬。通常我会建议 Acetaminophen 和 Ibuprofen 交互使用，每次相隔三个小时。耐心等待三个小时后再量体温，如果仍发烧至 39℃，再给第二种退烧药；如果三个小时之后体温已经下降，就不需要吃第二种退烧药。这样可以达到约每六到八个小时才使用同一种 Acetaminophen 或 Ibuprofen，而不会造成药物过量。每次用药要等待两个小时，药效才会完全发挥，大约可以降 1.0℃～1.5℃的体温。

🔶 只有退烧药才"真正"具有退烧的效果。其他的辅助方式，如退热贴、冰枕、温水擦拭等，都只是让孩子舒服一些，并不会对中心体温有任何的影响。

🔶 只有当孩子呕吐不能吃药的时候，我才会使用退烧塞剂。因为使用塞剂，烧退得快，烧起来更快，常常因此畏寒发抖，还是少用为妙。

🔶 孩子手脚冰冷时多穿一点，冒汗时少穿一点，勿反其道而行。

🔶 错误的照顾：酒精擦拭，服用阿司匹林，疯狂使用退烧塞剂，逼汗等。

黄医生聊聊天

再次重申以破除四个旧有观念：

发烧不会坏脑袋，长牙不会发烧，不要急于退烧，精神不佳快就医。

送医的时机

🔘 您的孩子小于六个月。

🔘 发烧超过两天。

🔘 超过二十四小时仍然只有发烧，没有感冒或肠胃炎等症状。

🔘 烧到 40℃以上，而您不确定孩子是一般病毒感染还是细菌感染。

🔘 您的孩子有细菌感染的症状，比如说烧退时仍精神萎靡（最重要）。细菌感染包括脑炎、肺炎、中耳炎、鼻窦炎等，每一种细菌感染的症状都不一样，唯一的共同点就是精神不佳。

🔘 出现其他不正常的现象，如意识不清、抽搐等。

小儿热性惊厥

很多人应该都已经知道，小儿热性惊厥并不是什么大问题，但是身为父母，看到自己孩子抽搐时的吓人模样，恐怕还是一刻也无法忍受。这里我提供美国儿科学会的一些标准照护建议，供爸爸妈妈们参考。

首先，我们要知道小儿热性惊厥是一种"体质"，与基因有关，是有家族遗传的。也就是说，并不是所有孩子体温太高都会引起小儿热性惊厥，必须是拥有这种体质的孩子，发烧时才会有小儿热性惊厥。拥有小儿热性惊厥体质的孩子的比例大约是2%～5%，产生的年纪约六个月到五岁之间。小儿热性惊厥首先一定会合并发烧，有发烧才叫作"热性"惊厥，没有发烧而抽搐就只是惊厥而已。小儿热性惊厥进一步分为简单型（simple seizure）与复杂型（complex seizure），顾名思义，简单型比较好解决，复杂型则反之。

简单型小儿热性惊厥的定义是：

- 发作时间少于15分钟；
- 两手两脚对称性的全身抽搐，包括眼睛上吊、嘴唇发紫；
- 在24小时内只发作一次，没有复发。

如果您的孩子的症状符合上面的描述，就是出现了简单型小儿热性惊厥。若发作的是复杂型小儿热性惊厥，医生就必须做较多的检查，以排除患严重疾病的可能。

一个六个月到五岁的孩子，发作简单型小儿热性惊厥，没有其他脑炎或脑膜炎的危险，也没有代谢性疾病，这样的小儿热性惊厥是很温和也很安全的，几乎所有发作的孩子都可以正常地发育与长大，完全不需担忧。

我常被问到的问题是：孩子将来会不会患上癫痫症？事实上，有小儿热性惊厥体质与没有小儿热性惊厥体质的孩子，将来变成癫痫患者的概率是差不多的，有小儿热性惊厥的孩子概率只是稍微高一点点。还有家长会问：小儿热性惊厥会不会影响到孩子的智商？答案也是：不会。

小儿热性惊厥的处理方法

小儿热性惊厥发作的时候该怎么处理呢？有四个原则请家长谨记：

第一：保持镇静。仔细观察孩子的症状与发作的时间，若有智能手机，可以当场录下发作的情形，就医时提供给医生以做更正确的判断。

第二：不要乱塞东西在孩子的嘴巴里。这样做只会让您自己的手受伤，或者让孩子的牙齿断裂。

第三：让孩子的口鼻保持畅通。将衣服解开，或将可能堵住口鼻的物品移开。

第四：别浪费时间在按压穴道或疼痛点上。惊厥发作时，除了录像之外，可以同时准备交通工具就医；惊厥停止后，孩子会熟睡一段时间让大脑休息，更不需要通过拍打脸颊或按压疼痛穴道来叫醒孩子。

如果是复杂型小儿热性惊厥发作，要赶快送医；若是简单型发作则不用太紧张，就算到医院给医生检查，主要也是寻找发烧的原因。大部分的简单型发作不需要做脑波检查，除非发作三次以上，才会安排脑波检查以确定是否有其他脑部问题。

小儿热性惊厥会不会复发？答案是：有可能。一岁以前发病的孩子，会有50%再发的概率；一岁以后才发病的孩子，则有30%；然而如果已经发作两次，那么约一半的孩子会发作第三次。

为了预防复发，很多家长会在孩子发烧时，密集地使用退烧药。很可惜的是，根据研究表明，使用再多的退烧药，也无法防止小儿热性惊厥的发作，有经验的家长应该深有体会。因此，若孩子有小儿热性惊厥体质，不需要每次发烧的时候都使用大量的退烧药，这是错误的做法，因为会复发的人依然会发作。退烧的原则是比照一般的做法，确实影响到精神活力时再使用药物即可。

　　另一个方法是当孩子发烧时，使用抗惊厥的药物预防发作，这样的做法则是证实有效的。然而大家想必知道，抗惊厥药物基本上与安眠药一样，会有一定的副作用。美国儿科学会认为："简单型小儿热性惊厥本身安全无害，反而是抗惊厥药物可能有一些副作用，因此不建议常规使用抗惊厥药物预防小儿热性惊厥。"这是美国医生的建议。

　　若是使用 diazepam（一种抗惊厥药，中文翻译为安定片），在发烧的时候开始口服以预防小儿热性惊厥，可以将30％的发作频率减少至11％，但也不是100％有效。另一种方法是当孩子小儿热性惊厥发作的时候，脱下裤子使用 diazepam 的肛门栓剂，可以提前停止惊厥。这两种方式都不会给孩子额外的好处，唯一的好处是能让家长松一口气，减轻焦虑，也许这对某些家长而言很重要。

　　最后需要提醒的是，在接种疫苗时，曾经发作过小儿热性惊厥的孩子，流感疫苗与肺炎链球菌疫苗要分开接种，尽量不要在同一天。

黄医生聊聊天

　　过去我们称反复抽搐的病人为"羊痫风"，这是很不尊重人的称呼。现在我们一般是说"癫痫病人"，或者更尊重一点地称呼为"依比力斯症病人"，配合英文病名 epilepsy，才不会让人联想到"疯"或"癫"这样的字眼。

撞到头

　　几乎不可能有孩子没有撞过头。撞头是很正常的事，七八个月刚会坐的时候向后倒，一岁会走了向前倒，坐椅子往前翻、往后翻，每天都有家长为了这些撞头事件就医。有别于成人，观察 0～2 岁小宝宝的身体结构比例，可以发现其头部因整体发育与比例关系，所占比重大于其他身体部位，也因此当孩子发生从高处跌落、碰撞等事故伤害时，头部着地的概率会比较高。

　　不过，爸爸妈妈可别担心，因为新生儿的头骨尚未密合完全，在脑脊髓液的保护下，只要不是过度猛烈的撞击，就算是从 120 厘米以下的高度自然跌落，也很少造成严重的头部伤害。

　　事实上，一些严重脑部受创的病例，可能都带有"一时失控"的家庭暴力成分存在，只是没有被揭露出来。

　　孩子跌倒之后，请只需观察三件事：

　　🦀 孩子有没有昏倒？

　　🦀 有没有外伤？包括流血、瘀青、血肿等。

　　🦀 三天内有没有持续呕吐、走路不稳、头痛欲裂、意识不清等现象？

这三个指标足以判断您的宝宝是否有脑部的伤害，如果三者的答案都是"没有"，那么家长就可以高枕无忧，不需要做进一步的检查。

具体来分析上述三个危险因子：如果孩子有暂时性的昏倒，表示可能有脑震荡之虞，需送至医院做检查。至于外伤、流血，必须用干净的纱布或毛巾压迫止血 10 分钟，并送到急诊室处理伤口。呕吐症状则比较难判断，因为很多孩子撞到头之后都会有轻微的呕吐，可能是惊吓或者害怕的缘故，但是若发现孩子越吐越严重，应小心可能是脑压上升的迹象，要赶快就医。另外，大孩子会自己说"头痛"，也是一个需要小心的症状。因此头部撞伤后两三天，绝对不可私自给孩子吃止痛药，除非已经过医生评估是允许使用的。

撞头后无危险迹象的居家观察重点

撞到头之后，如果都没有上述危险迹象，该怎么处理呢？首先，让孩子躺着休息一下；如果他想睡，就让他睡吧！孩子睡着后的三个小时内，家长最好不定时地观察他，看看有没有任何异样。三小时内只能给孩子吃流质的食物，以免他呕吐，让症状变得复杂。

在意外发生后接连两天的夜晚，为了避免脑部慢性出血未被家长察觉，每四个小时要把孩子摇醒，看看意识是否清楚，也要观察他的眼神与动作。这种晚上查勤的举动，只要连续两个晚上都没事，就不用再做了，更不需要每个小时都把孩子"挖"起来，这样很残忍。

三天后都没有异样，警报也就解除，未来也不会再对脑部有任何影响，因此别再问医生"小时候曾经撞到头，现在会不会有后遗症"这种问题啦！

至于颈椎和腰椎，有些家长看到孩子脊椎往后摆动，就紧张得要命。这里要告诉爸爸妈妈们，只要没有外力击打脊椎，绝对不可能伤害到里面的脊髓，更不可能造成瘫痪。唯一可能发生的儿童脊椎伤害，就是车祸时没有使用汽车安全座椅，颈部剧烈前后摆动。除此之外，在没有外力加速的情况之下，孩子的脖子再怎么用力甩动，也不可能造成瘫痪的！

结膜炎

所谓的结膜炎（红眼症），就是眼白的地方出现红色的血丝。结膜炎有四种：

- 病毒性结膜炎。
- 刺激性结膜炎。
- 过敏性结膜炎。
- 细菌性结膜炎。

虽然一般家长不容易分辨这四种结膜炎，但是除了细菌性结膜炎，其他三种都不会影响视力，所以也不需要太紧张。

细菌性结膜炎分泌物多

怎么样分辨最严重的细菌性结膜炎呢？第一，眼白的部分会泛红；第二，眼睛的分泌物会多到睁不开，这是最重要的两个症状。如果眼睛只有一点点分泌物，那就不算是真正的细菌性结膜炎。细菌性结膜炎通常先只有"单侧"，但是过几天可能传染到另一边，导致双侧都感染。总之，若是孩子的眼睛很红，分泌物又多又黏，而且一开始只有一只眼睛有症状，就表示可能是细菌感染，该去看医生了。

病毒性结膜炎常合并感冒症状

病毒性结膜炎常常合并感冒的症状，通常感冒好了，眼睛的症状也就消失了。病毒性结膜炎最厉害的就是克沙奇 A24 型（肠病毒的一种）引起的"急性出血性结膜炎"。虽然出血看起来很恐怖，但是几天后就会自然痊愈。点眼药水对于缩短病毒性结膜炎的病程没有太大帮助，但是冲洗眼睛的确有舒缓症状的效果，用生理食盐水就可以达到目的。每两个小时冲洗一次，睡觉的时候就不需要了。

刺激与过敏性结膜炎

刺激性结膜炎的发生，就是由于小朋友揉眼睛，把脏东西揉进去刺激结膜，造成红眼的症状。一般刺激性结膜炎的症状应该在四五个小时内会消失，拖太久表示刺激物还没有排出，可以用生理食盐水或干净的温水冲洗眼睛，连续冲洗五分钟，应该就可以把脏东西洗出。若仍无法排出，就必须找眼科医生帮忙。

过敏性结膜炎最不容易治疗，通常合并过敏性鼻炎，并且会反复地发作。过敏性结膜炎可能就必须用眼药水或口服抗组胺才能控制，同时也要一起治疗过敏性鼻炎。

送医的时机

  如果您的孩子除了眼睛红，眼球看起来还有些凸起，而且告诉你他很痛、看东西会有两个影子等，这就不是单纯的结膜炎了，必须赶快就医，不可拖延。

肠
病
毒 │

因为每年肠病毒儿童病例特别多，加上政府倡导有方，大部分家长与幼儿园、托儿所老师，都对肠病毒有基本的认识与了解，然而相对的也有许多误区。错误的观念有哪些呢？

误区一：肠病毒会有胃肠道症状

事实：大错特错！肠病毒共有六十多种类型，然而造成肠胃症状的肠病毒非常少。之所以叫作"肠"病毒，是因为病毒感染的途径会经由胃肠道进入人体，而不是因为疾病会造成胃肠道的症状。以后就不要再问医生"小朋友拉肚子，会不会是得了肠病毒"这种问题了哦！

误区二：嘴巴上有一个破洞，一定是得了肠病毒

事实：肠病毒的口腔溃疡，一般家长是不容易看到的。

请看图 5-1，肠病毒的溃疡破洞长在上颌与咽部，通常比较深。至于长在嘴唇上，或长在嘴唇外面的，都不见得是肠病毒哦！虽然口腔溃疡不容易看到，但是家长可以从较大的孩子对"喉咙痛"的抱怨中，或者看到

较小的孩子"突然一直流口水"等症状中，发现生病的征兆。

图5-1：肠病毒的口腔溃疡
肠病毒的溃疡破洞长在上颌与咽部，通常比较深。

误区三：咽喉一定要有破洞，手脚一定要有疹子，才是肠病毒感染

事实：肠病毒的类型高达六十多种，每一种感染的临床表现可能都不一样。"手足口症"是比较众所皆知的症状（手、脚和口腔内都有水疱或皮疹），而"疱疹性咽峡炎"则只有口腔内有水疱或溃疡，手脚则无。另外，有些肠病毒只会造成发烧与皮疹，又如"无菌性脑膜炎"会突然发生头疼与呕吐，还有上一节所提到的急性出血性结膜炎等。因此，不见得每个感染肠病毒的孩子都有典型的"手足口症"。

误区四：肠病毒很容易致命

事实：肠病毒大部分都不可怕，目前只有肠病毒71型是引起严重症状概率较高的一型，其他类型的肠病毒几乎皆可自然痊愈。遗憾的是，没有任何一位医生，可以直接用肉眼看出您的孩子得的肠病毒是否为71型。目前已经有一种新的快速筛检可以验出病人是否感染肠病毒71型，但仍在试验评估中，将来普遍使用后，应该可以让家长更加放心。然而，就算是肠病毒71型感染，五岁以下的孩童中也只有1.5‰～3‰的病例会变成重症，年纪越大概率就越低。如果您的宝宝曾经接种过手足口疫苗（EV71），那么

重症的机会就更是趋近于零。

当然还是有非常少数肠病毒重症的个案，是由 71 型以外的类型所造成的，比如说克沙奇 B 型肠病毒，但是概率更低。

学会发现四个早期重症迹象

所谓肠病毒重症，就是病毒没有乖乖地待在黏膜，反而跑到脑干或者心脏这两个重要的器官里，造成脑干失调或心脏失调，进而引发后遗症甚至死亡。如果出现了重症的迹象，越早就医对病童越有利。因此，爸爸妈妈在家照顾肠病毒个案，应该注意下列四个早期重症迹象：

🔹 体温正常时，孩子仍嗜睡、意识不清、活力不佳、手脚无力。

🔹 夜眠时，肌跃型抽搐（类似受到惊吓时的突发性全身肌肉收缩动作）连续超过八次。

🔹 不止一次地持续呕吐。

🔹 体温正常时仍呼吸急促、心跳加快。

如果没有上述四个重症迹象，表示病毒还在安全的区域，就不用担心会有重症或死亡的危险了。单纯患有"手足口症"或者"疱疹性咽峡炎"的孩子，照护上最重要的就是"补充水分"，避免孩子因为喉咙疼痛不喝水导致脱水。冰凉的饮食比较容易被孩子接受，比如说冰激凌、布丁、仙草或冰牛奶、冰养乐多等，这时候都可以尽量提供，不需要限制。

误区五：孩子发抖就是肠病毒重症的肌跃型抽搐征兆

事实：肌跃型抽搐征兆出现的时间是在快睡着的时候，而且不止一次。如果是发高烧的时候发抖，大部分是因为发烧畏寒所引起的，这种绝对不是肌跃型抽搐。

误区六：早点住院，肠病毒就不会恶化

事实：肠病毒并没有特效药，所以轻症住院并不会提早痊愈。因此，

除非是已经有肠病毒重症的前期征兆，或者孩子因不肯喝东西而有脱水的迹象，才需要住院。

　　希望纠正了上述六个对肠病毒的常见误区之后，家长能对儿童肠病毒感染更处之泰然，不用紧张兮兮了。人类是肠病毒唯一的传染来源，主要经由胃肠道（换尿布或上厕所时沾染到含病毒的粪便），或者呼吸道（飞沫、咳嗽或打喷嚏）传染，亦可经由接触病人皮肤水疱的液体而受到感染。在发病之前一两天即有传染力，通常以发病后一周内传染力最强。之后可持续经由肠道释出病毒，时间长达 8 ～ 12 周之久。因此，虽然孩子居家休养的时间通常只有一周，之后回到托儿所或学校，仍然要做好个人清洁，才不会不小心又传染给别人。

　　接种手足口疫苗（EV71）是预防肠病毒重症最好的方法。至于其他肠病毒没有疫苗，就必须勤洗手，而且要用肥皂冲水搓洗。酒精干洗手液对肠病毒效果不佳（酒精干洗手液对流感病毒才有效）。儿童玩具（尤其是毛绒玩具）是传播媒介之一，要经常清洗消毒。幼童的照顾者（如保姆、爸爸妈妈）与接触者也应勤洗手，以免自己成为媒介传播给其他孩子。

　　在肠病毒流行期，若要执行消毒，必须用稀释 100 倍的漂白水，擦拭可能接触到的物体表面，才能有效杀死非生物体上的肠病毒飞沫。对常接触的物体表面（门把手、课桌椅、餐桌、楼梯扶手、玩具、游乐设施、寝具及书本）进行重点擦拭消毒，消毒完毕的物体可移至户外，接受阳光照射，这些都是正确的消毒方法。

黄医生聊聊天

　　肠病毒、轮状病毒、诺如病毒这些"无外套膜"的病毒，用酒精是无法杀死的，因此在感染这些病毒的时候，酒精干洗手液可能派不上什么用场。这也是为什么在面对肠病毒感染的时候，"肥皂勤洗手，漂白水消毒"是最传统但却最能保证降低病毒传播率的措施。

　　市面上还有两种新的消毒产品，里面的成分可以杀死这些无外套膜的病毒，包括弱酸性次氯酸水，以及标榜含有纳米金属成分的制品。

　　次氯酸（HClO）是人体白细胞杀菌作用所产生的趋化因子之一，因此在实验室中可广效性地杀死各种病毒和细菌，当然也包括这些无外套膜的肠病毒。弱酸性次氯酸水因为刺激性低，毒性也低，因此在食品与家禽养殖等业界有许多拿来杀菌消毒的报告。可惜医疗界目前的相关研究还不够多，但已经开始有学者着手研究将次氯酸水用于消毒伤口与医疗器械，也有一些用来洗手杀菌的报告。

　　弱酸性次氯酸水的缺点是不稳定，只要酸碱度一改变，很容易就分解为水和氯气飘散。因此选购上还是要尽量挑选经过国际级实验室的有效检验与认证的，以确保制造过程中的稳定度，所标示的HClO浓度的范围不可过大（如50ppm），酸碱PH值保持在5～6之间。使用时多喷几下，使希望被消毒的表面完全浸润，理论上效果会更佳。

　　各位可能都有经验：当家中孩子感染肠病毒或病毒性肠胃炎时，说老实话，整天不断地要求全家频繁地用肥皂洗手，真的会有执行上的困难。因此在酒精无效的前提下，虽然弱酸性次氯酸水的稳定度不佳，但我仍会抱着"至少无害"的心态，用弱酸性次氯酸水频繁地喷雾，消毒手掌、餐桌、餐具等地方。但必须注意，这仍无法取代肥皂洗手与漂白水消毒浴厕等传统的标准做法。

感冒与流感

所有的大人小孩都曾经感冒过。所谓的"感冒"其实就是"上呼吸道感染"，由病毒引起。这些病毒的种类多如牛毛，少说也有上百种不同的病毒，包括鼻病毒、冠状病毒、流感病毒、副流感病毒、腺病毒等。

很多人会问，每年新闻报道的"流感"和"感冒"到底有什么不同呢？其实啊，流感的英文 influenza（flu），是特别指"流感病毒"所引起的上呼吸道疾病；至于其他病毒引起的上呼吸道疾病，我们就叫作"感冒"。

以前的人不知道感冒会由这么多种病毒引起，他们觉得有一种感冒特别严重，会发烧、咳嗽、全身无力，甚至引发肺炎，就称之为流感，以别于一般感冒。现在我们知道，流感病毒是造成流感的元凶，可以说流感是"感冒之王"，然而除了流感病毒，还有一些病毒的感染也是很凶悍的，比如说重症急性呼吸综合征（SARS）。

不管是轻微感冒，还是严重流感，孩子多少都会有咳嗽流鼻涕的症状。下面列有一些常见的误区，由我来帮大家纠正一下视听。

误区一：感冒要早点吃药才会好

事实：不管吃药不吃药，感冒都会好。吃药只是缓解症状，让感冒的那几天身体舒服一些，并不能缩短疾病的天数。唯一有缩短病程效果的抗病毒药物是一种叫作达菲（磷酸奥司他韦）的胶囊，但只对"感冒之王"流感病毒有效，对其他病毒是没有效果的。

所以，如果孩子非常抗拒吃感冒药，每次都又哭又闹又呕吐，不但没有让他更舒服，反而增加他的痛苦，就不要再给他吃药了。如果是一岁以上的孩子，有研究显示睡前喝温的蜂蜜水，可以减缓夜间咳嗽的频率，大家可以试试看。

误区二：感冒咳嗽要抽鼻涕或者拍痰才会好

事实：抽鼻涕或拍痰，都不会让感冒早点痊愈，也不能"预防感冒变成肺炎"。抽鼻涕可以让孩子的鼻子比较舒服，但也只是暂时的。我个人认为，抽鼻涕这种事情，在家处理就可以了，跑到医院去抽，不但增加孩子的恐惧，而且会伤害到呼吸道黏膜。

我见过很多孩子，本来不怕看医生，因为去医院抽了一两次鼻涕，吓得要命，从此看见白大褂就像是抓了狂一样，死命地哭，奋力地逃跑，我看了很心疼。这样做对孩子的心理健康发育非常不好。

另一个误区就是拍痰。小孩有咳嗽，有的医生会习惯性地说："回家多拍痰。"拍痰有效吗？事实上，拍痰只对没有力气的早产儿或者卧床的老人才有帮助。正常的孩子感冒，得支气管炎，咳嗽有痰，拍与不拍结果都一样，对疾病的缓解没有任何帮助，也同样不能"预防感冒变成肺炎"。我认为，如果孩子很享受您给他拍痰的时光，觉得很舒服，那么拍痰就是一件好事；反之，如果拍痰的时候，宝宝又哭又闹，只想逃跑，那拍痰不但一点意义都没有，反而会造成孩子的心理创伤。请记住，医学伦理的第一条原则就是：切勿伤害。强迫孩子抽鼻涕或拍痰，没有任何好处，却可能造成伤害，就是不应该的。

如果看到孩子的鼻孔已经被鼻屎或黏鼻涕塞住，要在家帮孩子清理，方法很简单，就是用生理盐水滴两滴到他的鼻孔里面，揉一揉鼻子，等过一分钟鼻屎、鼻涕软化以后，再用吸鼻器（最简单的那种，要软头可以伸进鼻孔里的），清理鼻孔里的分泌物与脏东西就可以了。生理盐水就是隐形眼镜使用的那种即可，如果家里没有生理盐水，可以用一杯水加上半茶匙的盐来代替。不要怕滴盐水进孩子鼻孔里，再怎么说，这也比抽鼻涕时将管子伸进鼻孔里好太多了。

湿润鼻腔的替代方案，也包括在浴室洗蒸汽浴数分钟、用儿童雾化器蒸鼻，或是使用冲鼻液等等，随孩子的喜好而定。

误区三：鼻涕要常常擤出来，不可以吸回去

事实：鼻涕擤出来，跟吸回去，效果是一样的。吸回去的鼻涕，就算里面有病毒，经过食道时也被胃酸杀死了。擤出来的病毒，还要担心手部卫生没有做好，传染给别人。当然我知道吸鼻涕不是很有礼貌的动作，但是用力擤鼻涕，也会引发中耳炎，两者虽各有利弊，但我可以忍受没有礼貌一点的，毕竟人不是天天都在感冒。

误区四：黄鼻涕就要吃抗生素

事实：首先必须了解一个重要的观念——抗生素只能杀细菌，不能杀病毒。刚刚说过，感冒是病毒感染，因此，大部分的抗生素都是错误使用的。注意哦！"黄鼻涕"绝不等于细菌感染，也不等于鼻窦炎；一般感冒也会有黄鼻涕，过敏性鼻炎也会有黄鼻涕，空气污染也会有黄鼻涕。诊断细菌性鼻窦炎的标准在下一篇文章中有详细的介绍，若过度诊断，将会导致抗生素的滥用。

综合以上几点，感冒时不一定要拍痰，不一定要抽鼻涕，不一定要擤鼻涕，也不需要吃抗生素，那该怎么处理呢？答案是：多喝水，多休息。

如果肯吃点药就吃，不肯吃也无妨。注意观察孩子的精神活力、食欲以及咳嗽流鼻涕的频率。

送医的时机

如果有下列症状，可能是有第二拨的细菌感染，才需要看医生：

🪱 发烧超过三天。

🪱 精神突然变差。

🪱 呼吸开始变喘——可能已经变成肺炎。

🪱 流黄鼻涕超过十天，或感冒快好了突然又开始流浓鼻涕——可能变成鼻窦炎。

🪱 耳朵疼痛——可能变成中耳炎。

不管出现肺炎、鼻窦炎还是中耳炎，都无法事先预防，所以也不用自责"是否延误就医时机"，或者"如果提早吃药会不会比较好"，这些都是庸人自扰。如果发生细菌感染，好好治疗就会痊愈，面对它就可以了。

黄医生聊聊天

现在的家长实在太紧张，小孩稍微有点感冒就往医院跑。这本身没什么不好，问题是有些家长会希望医生帮孩子抽痰、开退烧药、开抗生素。这些抽痰、拍痰、睡冰枕、强迫喂药等行为，无形中让孩子多受了不少苦，本来感冒还没那么痛苦的，我看了很心疼。但有时苦口婆心地劝导，还反遭白眼，无奈啊！

鼻窦炎

"鼻窦炎"这三个字，时常被家长滥用得一塌糊涂。

鼻窦炎的英文是 sinusitis，也就是鼻窦有细菌侵入，导致发炎。鼻窦的"窦"，表示它是个腔室（窝）；而"鼻"字，表示鼻子与这些腔室相通。人的脸上有多少个鼻窦呢？看看图 5-2 就知道，最主要的鼻窦为上、中、下共三对。

请大家一定要了解："黄鼻涕"绝对不等于鼻窦炎！任何感冒都可能会造成黄鼻涕，过敏性鼻炎也会有黄鼻涕。根据美国儿科学会的指引，诊断鼻窦炎必须有下列三种状况之一：

🌑 出现黄鼻涕十天以上，或者有鼻涕倒流造成咳嗽十天以上。

🌑 虽不符合上述第一点，但是发高烧至 39℃，加上同时有黄鼻涕连续三天以及孩子看起来很疲倦，三者皆成立。

🌑 感冒症状稍有缓解之后，又有再度恶化的流浓鼻涕、咳嗽或发烧。

从以上描述可知，爸爸妈妈在家时自己就可以诊断鼻窦炎；反之，如果没有根据上述三项标准来诊断鼻窦炎，那么猜错的概率可能很高，抗生素也可能因此滥用了。有些医生用灯照孩子的鼻孔，看里面是否很红很肿，这样诊断鼻窦炎也是不可信赖的。

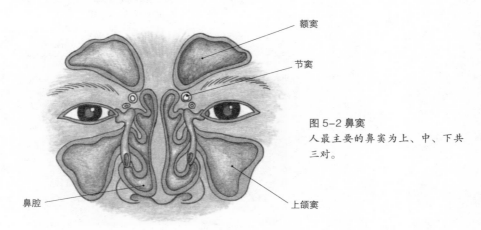

图 5-2 鼻窦
人最主要的鼻窦为上、中、下共
三对。

额窦

节窦

上颌窦

鼻腔

照 X 光片诊断鼻窦炎?

另外，用 X 光或 CT 诊断鼻窦炎也并不准确，因为在过去两个星期有过感冒的孩子，在 CT 下，他们的鼻窦几乎都有异常的变化。这表示，即使是正常的孩子，他们的鼻窦摄影也可能是异常的，因此单靠影像诊断，根本就不准确。总之，除非临床上符合鼻窦炎的诊断标准，需要影像检查来辅助，否则 X 光也不需要照。

谨慎使用抗生素

刚刚说过，鼻窦炎是有细菌跑进"腔室"里面，所以要治好鼻窦炎，必须用抗生素杀死这些细菌。可惜的是，我们很难"挖"进鼻窦里面检验细菌，因此大部分时候，使用哪一种抗生素，医生都是靠"猜"的。如果根据医学会诊疗指引用药，猜对的概率就很高，所以治疗上应该很顺利，经过 10 ～ 14 天的抗生素治疗，病程就可以缓解了，我们称此病为"急性鼻窦炎"。

另一方面，我常常听到病人把"慢性鼻窦炎"挂在嘴上。如果医生下达"慢性鼻窦炎"这个诊断，表示我们使用的抗生素应该是无效的。既然无效，病人应该会很不舒服，症状会越来越严重，而医生应该尽力找出原因（可能是其他细菌，甚至霉菌），杀死致病原才对。好多家长跟我说，他的孩子，或者他自身得了"慢性鼻窦炎"，时好时坏，反复使用抗生素。事实上，"时好时坏"的鼻炎，大部分是过敏性鼻炎。过敏性鼻炎应该治疗过敏，而不是用抗生素。

总而言之，下次如果医生告诉您孩子得了鼻窦炎，开抗生素治疗，记得翻翻我这篇文章。如果还不符合上述的诊断，可以跟医生讨论，可不可以等几天，确定诊断鼻窦炎再吃抗生素？相信友善的医生都会很乐意与病人合作的。

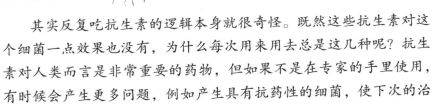

黄医生聊聊天

其实反复吃抗生素的逻辑本身就很奇怪。既然这些抗生素对这个细菌一点效果也没有，为什么每次用来用去总是这几种呢？抗生素对人类而言是非常重要的药物，但如果不是在专家的手里使用，有时候会产生更多问题，例如产生具有抗药性的细菌，使下次的治疗更棘手，或是引发抗生素的过敏症。

扁桃体炎

不少妈妈们听到我诊断孩子的扁桃体有炎症时，都会倒抽一口凉气，感觉好像得了很严重的病。别担心！扁桃体炎并不可怕，容我跟各位介绍。

首先要知道的是，扁桃体炎，或者扁桃体化脓，并不等于细菌感染。虽然细菌的确会造成扁桃体炎，毕竟是少数。事实上，儿科病人若得了扁桃体炎，只有 10% 是细菌感染，其余都是病毒感染，这是一般人时常会误解的地方。

哪些病毒会造成扁桃体炎呢？腺病毒、EB 病毒、流感病毒、肠病毒、疱疹病毒等都有可能！而细菌感染则是以 A 型链球菌为主。只有细菌感染的扁桃体炎需要抗生素治疗，病毒性的扁桃体炎则只要进行减轻症状的治疗，待其自然痊愈即可。所以，分辨是不是细菌感染就变得非常重要。

A 型链球菌扁桃体炎多发于 5 ～ 15 岁之间的孩童，一般 3 岁以下的孩童遭受链球菌感染的机会相当低。如果您的孩子是 3 岁以下，几乎都不需要使用抗生素治疗扁桃体炎。

另外，细菌感染会出现高烧、头痛、畏寒、喉咙疼痛、颈部淋巴结疼痛等症状；而病毒性扁桃体炎虽然也会高烧畏寒，但是一般不会喉咙痛。

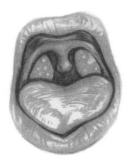

图 5-3：A 型链球菌扁桃体炎
最常引起扁桃体炎的细菌为 A 型链球菌，除了化脓，还可以看到小小的出血点。

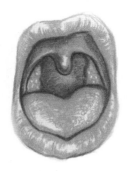

图 5-4：病毒性扁桃体炎
90% 的儿童扁桃体化脓还是以病毒感染为主，喉咙一般不会痛，也不需要抗生素。

还有一个重要的指标是，细菌感染的扁桃体炎一般不会合并流鼻涕，也不会合并结膜炎。如果有扁桃体化脓加上流鼻涕，通常是由病毒引起的。

所以，下一次当医生说您的孩子扁桃体发炎时，千万不要紧张。如果是三岁以上的孩子，做个简单的 A 型链球菌快速检验，就可以知道是否为细菌感染；或者做喉咙细菌培养也可以得到答案，不过培养结果需等待两天以上的时间。只要不是细菌性扁桃体炎，就不必使用抗生素。滥用抗生素不但对孩子没有任何帮助，也会徒增抗药性与喂药困扰！

黄医生聊聊天

有些家长会被建议把孩子的扁桃体割掉，请三思而后行。孩子的扁桃体在学龄前常常会肥大，但随着年龄的增加反而会渐渐缩小，到时候岂不后悔白挨一刀？根据准则，儿童割除扁桃体的时机如下：

　　扁桃体发炎的次数，一年超过七次，或连续两年超过五次，或连续三年都超过三次以上，再考虑切除。（扁桃体发炎的定义是：发烧超过 38.3℃，颈部淋巴结肿大，扁桃体化脓，或者 A 型链球菌感染。）

　　其他需要割除的特殊状况，如：抗生素过敏，细菌曾经侵入深层颈部，患有自体免疫性疾病及严重的睡眠呼吸中止症等。

网络上有一些妈妈们在讨论急性中耳炎，我发现有很多观念并不正确。在这里提供一些有医学根据的卫教知识供爸爸妈妈们参考。不过，以下的建议都是针对急性中耳炎，至于慢性中耳炎或者长期中耳积水，则不在这一部分的讨论范围。

耳朵痛不见得是中耳炎

耳朵痛就一定是中耳炎吗？错。耳朵痛有太多的原因，可能是外耳炎，也可能只是因为发烧——有些孩子一发烧就会耳朵痛，但不见得都是中耳炎。中耳炎，顾名思义，就是中耳腔发炎化脓，然而，中耳腔在哪里呢？请看下一页的图5-5。

从图中可以看到，中耳腔是在耳膜的里面，往内有个咽鼓管（或称欧氏管、耳咽管）通往我们的口腔与鼻咽。中耳炎的定义就是有细菌或病毒跑到这个中耳腔造成发炎，从这张图中您可以看出细菌是从哪儿来的吗？就是从鼻咽与口腔，游经咽鼓管，进入中耳腔，从而感染的。因此：

事实一：中耳炎常常发生在感冒之后。

事实二：中耳炎不会因为耳朵浸水，或者耳屎没掏干净而引起。外面来的脏东西，都会被耳膜挡住，不会进入中耳腔，也不会引起中耳炎。

中耳炎是不是很少见呢？答案为否。75%的孩子在一生当中都曾经有过中耳炎，其中有25%会反复地感染；5%～10%的孩子会因为中耳积脓压力太大，造成耳膜破掉，脓就从耳朵里流出来，把爸爸妈妈吓一大跳——但是请不要担心，破掉的耳膜经过一周就会渐渐愈合。大部分的中耳炎病患都是八岁以下，再大一点的孩子乃至成人，因为咽鼓管比较粗，功能比较好，就不太会让细菌跑到中耳腔了。

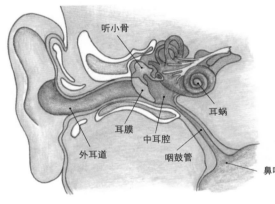

图 5-5：耳朵构造图

急性中耳炎必须由医生诊断

急性中耳炎怎么诊断呢？中耳炎的诊断绝对不是"耳膜比较红"就代表发炎。事实上，孩子哭闹时耳膜也会发红，清完耳屎后引起耳道的刺激也会发红，发烧时耳膜更会发红。还有更夸张的，医生使用的耳镜没电，也会使耳膜看起来很红哦！所以，根据美国儿科学会的急性中耳炎诊疗指引，急性中耳炎的诊断需要同时符合以下三项条件：

- 急性发作（如突然发烧，或突然疼痛）。
- 医生用耳镜时看到中耳腔里有积液。
- 有中耳发炎症状（如疼痛，或者医生看到耳膜泛红鼓胀）。

总而言之，典型的急性中耳炎，应该是孩子感冒过后又突然发烧，或突然耳朵痛，经由医生用耳镜检查，看到中耳化脓后来确定诊断。较小的幼儿不会说耳朵痛，会用哭闹来表现，或不断地用手拉扯、摩擦有问题的耳朵。然而在很多情况下，医生在患儿只符合第一和第三项症状时就诊断为中耳炎，可能造成过度用药。

事实三：中耳炎并不是都会发烧。

事实四：很多中耳炎都是过度诊断的。若每个医生都认为中耳炎要用抗生素，将会有非常多的孩子得到不必要的治疗，还会增加细菌抗药性。

经过实时抗生素治疗之后，中耳炎鲜少影响听力

急性中耳炎很严重吗？常常看到网络上的文章写着会耳聋，会丧失听力，会影响语言学习发展，会脑脓肿……为人父母的看了都很害怕，其实不要被误导了。诚如我刚刚所说的，75%的孩子都曾经得过中耳炎，请问您身边有75%的孩子丧失听力了吗？有75%的孩子脑脓肿了吗？当然没有。这是因为在二十一世纪，我们有很好的抗生素，如果孩子得中耳炎会很痛，用药就不会让孩子受苦，如此而已。

美国儿科学会与家庭医学会有下列共同的治疗准则：

🦻 两岁以下的孩子，若被诊断为中耳炎，直接使用抗生素治疗十天。

🦻 两岁以上的孩子，先用止痛药（Acetaminophen 或 Ibuprofen）并观察48～72小时，很多孩子的中耳炎自然就痊愈了。如果症状持续没有得到改善，再使用抗生素5～7天。这样做不是为了折磨孩子，而是避免过度诊断，减少抗生素的滥用。

有些医生会很快地建议您的孩子做鼓膜切开术，然而鼓膜切开术并不比抗生素治疗效果好。除非抗生素治疗已经失败，我们才会建议做鼓膜切开术。另外，腺样体摘除术和扁桃体摘除术只对慢性中耳积水有帮助，对于急性中耳炎并没有效果。

事实五：对于急性中耳炎而言，抗生素治疗可以等两三天再决定使用。

事实六：鼓膜切开术、腺样体摘除术和扁桃体摘除术都不如抗生素的治疗效果好。

照顾与预防中耳炎

我经常被问到的问题包括：得过中耳炎的孩子可以游泳吗？答案是可以的；得过中耳炎的孩子可以坐飞机吗？答案也是可以的，只要教您的孩子在飞机下降的时候，喝水、嚼口香糖或吸奶嘴，来帮助中耳腔减压即可；中耳炎会传染吗？答案是不会。

如何预防孩子患中耳炎呢？如果您的孩子反复地发作中耳炎，可能就得为他做一些生活习惯上的改变，避免他反复生病，比如说：

🐚 不要吸二手烟。二手烟的环境是中耳炎反复发作的温床，家里有人抽烟的话请务必戒烟。

🐚 减少感冒的机会。我知道说得容易，做起来很困难。除了均衡饮食与确保睡眠质量可增强抵抗力以外，若孩子中耳炎反复发作，恐怕不适合再去托儿所或幼儿园。因为这些地方孩子多，彼此之间感冒相互传染，会让您的孩子发作好几次。

🐚 一岁之前喂母乳，可以减少患中耳炎的概率。

🐚 躺着用奶瓶喂奶，容易让孩子患中耳炎，要用 45° 角喂奶才正确。

🐚 控制您的孩子的过敏性鼻炎，不要让孩子天天都在流鼻涕。

🐚 很多妈妈会教导孩子"用力把鼻涕擤出来"，这样做会使鼻涕被冲往中耳腔，反而增加患中耳炎的概率。孩子用吸鼻子的方式处理鼻涕虽然不礼貌又难听，却可以造成中耳腔的负压，不让鼻涕流入。折中的方式是，睁一只眼闭一只眼，如果真的要清理孩子的鼻涕，轻轻擤就可以了。

黄医生聊聊天

耳屎跟中耳炎没有关系。其实不需要帮小朋友掏耳屎，除了增加耳道受伤与外耳感染的概率，没有任何好处。有些妈妈用棉花棒掏耳屎，结果耳屎反而越推越往里，最后就堵住了。如果耳屎不加以清理，假以时日，会自动掉出来，不用担心！

流鼻血

小朋友流鼻血是很常见的问题，可是大部分家长却不是很清楚该怎么处理。

当鼻黏膜太干燥时，如果小朋友揉鼻子、挖鼻孔或者擤鼻涕，微血管就会破裂，导致流鼻血。微血管最脆弱的部分究竟在哪里呢？就是我们鼻中隔前端的两侧。

所以处理流鼻血很简单，三个步骤：身体坐直，头往前，鼻子捏紧。

首先，让孩子身体坐直，头往前，不要躺着。坐着可以让鼻子的位置比心脏高，降低血流压力；头往前倾，鼻血才不会一直往食道流，而鼻血吞进肚子里有时候会恶心呕吐。如果孩子能配合，请他把喉咙里的鼻血从嘴巴里吐掉。

再则，把鼻子前端软骨的部位用力捏紧止血，至少十分钟，用嘴巴呼吸。从图5-6应该可以看得很清楚，大部分流血的位置都是在鼻中隔前端的两侧，所以加压止血时当然应该压这里，而不是别的地方。很多人捏鼻子都捏错位置，最常见的错误是捏住鼻骨硬的部位，那就一点效果都没有了。如果捏了十分钟，放开后还是继续流血的话，可以用小纱布沾凡士林，轻轻放入鼻孔，再压十分钟，压完不要马上取出纱布，等过一阵子再拿出来。万一还是流血，那就去医院挂急诊，用局部血管收缩剂止血。

　　要怎么避免孩子反复地流鼻血呢？因为过敏性鼻炎的孩子容易流鼻血，所以第一要务就是把过敏性鼻炎控制好（详见第六章"三大过敏症"）。除此之外，增加室内的湿度也可以减少流鼻血的概率。有些人冷气开一整天，导致空气非常干燥，就很容易流鼻血，此时可以加装一台加湿器，让室内湿度不致太低。还有一个妙招，就是起床与睡前，一天两次，用凡士林涂抹鼻孔内侧，这样可以有效防止鼻黏膜损伤和出血。最后一招就是，晚上睡觉时，让孩子戴着手套，防止他睡梦中不自觉地用手指头揉鼻子，进而减少流鼻血的概率。

身体坐直

头往前

鼻子捏紧

图 5-6：流鼻血的处理法
身体坐直，头往前，鼻子捏紧

送医的时机

　　✎ 如果您的孩子经过上述预防仍反复发作，加上有其他部位出血的症状（如牙龈流血），就应该到医院检查一下是否有凝血的问题。

哮吼

"医生，我的孩子发高烧，声音沙哑，咳嗽声像狗吠，怎么会这样？"
这就是典型的哮吼症症状。

每种病毒都有它喜欢的"窝"。肠病毒喜欢喉咙；轮状病毒喜欢胃肠道；而副流感病毒则喜欢我们的喉头，也就是声带的部位。当副流感病毒感染到喉头时，声带附近就会水肿，导致声音沙哑、咳嗽声低且沉重，好像老人咳，又像狗吠，所以命名为"哮吼症"。哮吼通常在晚上会发作得特别大声，可能要反复三到五天，然后才会渐渐缓解。

碰到哮吼要怎么处理呢？最重要的步骤，就是湿润孩子的喉头。可以把浴室的热水打开，弄得水汽弥漫，然后抱着孩子进去吸水蒸气，大概十分钟左右就可以了，一天可以弄个四五次。如果家里有雾化器，也可以加点温水蒸喉咙。冷气房里的湿度要增高一点，做法是把几条毛巾沾湿，挂在孩子的房间，以增加空气中的湿度。家里如果有人抽烟，一定要到外面抽，不要让孩子的喉头再度受到刺激。至于一般的感冒药，都不是很有效果。

当然，除了副流感病毒，也有其他的病毒会感染到喉头部位，也一样会造成哮吼，甚至连细菌也会侵入，造成"细菌性气管炎"。所以，在少数状况下，哮吼也有可能会很严重，甚至是致命的。

送医的时机

- 孩子呼吸困难，喘气剧烈。
- 孩子开始流口水，吞咽困难。
- 孩子精神开始不佳。
- 已经超过三天了，哮吼声还是很大。

毛细支气管炎

儿科病房住院最多的疾病，非"毛细支气管炎"莫属了。

毛细支气管炎这个诊断只适用于两岁以下的婴幼儿，发病的原因也像一般感冒一样，属于病毒性感染。既然像是感冒，为什么特别称之为"毛细支气管炎"呢？原因是如果感冒发生在大人身上，气管很粗、很硬，虽然有痰与分泌物，稍微一咳嗽就可以把痰咳出来了；然而小宝宝的气管还未发育成熟，又细又软，稍微有一点分泌物，很容易就卡痰，宝宝因此会咳得很剧烈，再加上这些细支气管在水肿的状况下，管道又更细了，肺部的空气通过，就会发出"咻——咻——"的喘鸣声，这就是典型的"婴儿毛细支气管炎"症状。

刚刚说毛细支气管炎属于病毒感染的疾病，其中最恶名昭彰的病毒就是"呼吸道融合病毒"（RSV）。大约有一半的婴儿毛细支气管炎是这种 RSV 病毒所造成的，而且 RSV 导致的毛细支气管炎症状比其他病毒感染都严重得多。被 RSV 感染之后，宝宝会哮喘、咳嗽，最严重的状况出现在感染后两到三天，喘鸣声可能持续一个星期。之后，病情会渐渐缓解，从头到尾大概需要两周才会痊愈。在生病的过程中，大约20％的宝宝会并发中耳炎，但是很少会并发肺炎。比较遗憾的是，若感染 RSV 毛细支气管炎时有明显哮喘，这些婴儿当中约有三分之一的孩子将来会有过敏性哮喘的毛病。

毛细气管炎的居家照护

毛细支气管炎的居家照护，最重要的就是补充水分。因为支气管的黏痰需要稀释之后宝宝才容易咳出，所以要让孩子多喝温开水，或者任何其他饮品（如母乳、温柠檬汁等），最好摄入比平常更多的水分。家里如果开冷气，要用多条湿毛巾挂在房间里，让空气中的湿度上升，气管才不会太干燥。其他儿童专用的化痰药也都有帮助。

患毛细支气管炎的孩子什么时候要住院？第一，吃不好；第二，睡不好；第三，发高烧；第四，喘得很费力。刚刚提到的补充水分对患毛细支气管炎的孩子很重要，但万一孩子生病不舒服就不吃不喝，就会很麻烦，这不只会加剧疾病本身的症状，还有脱水的危险。如果宝宝持续一两天都不吃不喝，带到医院输液，警报就解除了。另外，宝宝因为痰太多咳嗽个不停，根本不能睡觉，那么去医院睡在氧气帐里，就可以缓解症状，让宝宝睡得好一点。

但不管是输液，还是睡氧气帐，都只能帮助孩子度过最难受的几天，并不能缩短病程，通常还是要约两周过后才会痊愈。至于发高烧或费力地喘气，则是严重感染的危险征兆，必须住院观察。

最后提醒爸妈，住院时，如果宝宝吃得很好，只是咳嗽或哮喘较严重，可以只睡氧气帐，未必要输液。住院不一定非得买套餐，应该"单点"才对，有什么症状才给什么治疗。

169

肺炎

随着医疗技术的进步，感染肺炎是完全可以痊愈的，而不再像过去的历史故事一样，就算没死也丢了半条命。

肺炎并非都很严重

事实上，依照病因，肺炎主要分为两种："细菌性肺炎"与"非典型肺炎"。"细菌性肺炎"很严重，也有性命之虞，但是大部分"非典型肺炎"的症状都很轻微，而且可以自然痊愈。在儿童病例中，非典型肺炎约占80％，细菌性肺炎只占约20％。这些非典型肺炎的致病原因包括各种病毒（流感病毒、呼吸道融合病毒等）感染，以及两种特别的病原体（霉浆菌与披衣菌）感染。

一般家长很难辨别孩子得的是细菌性肺炎还是非典型肺炎，老实说，连医生都不容易分辨。只看胸部 X 光片上大大的一片肺炎，任是哪一个医生都很难立即确诊是哪一种细菌，或是哪一种病毒。对我而言，有两个参考指标：第一个就是孩子的精神活力。如果孩子精神良好、活力佳，那么诊断可能是非典型肺炎，若真的很不方便住院治疗的话，可以考虑回家吃药观察；第二个指标是验血报告。如果血液中白细胞含量不高，发炎指数很低，也可以考虑吃药观察。

为什么要用"考虑"而不敢下保证呢？原因是就算得的是非典型的肺炎，也是有少数的病例是会很严重的，比如说 SARS，或由流感病毒引起的肺炎，就是两个糟糕的例子。

非典型肺炎要吃什么药？如果是病毒感染，那只要多喝水、多休息，注意精神活力就可以了。刚刚提到的霉浆菌与披衣菌，则有红霉素类的药物可以口服（如希舒美 Zithromax），但如果对这些药物产生抗药性，效果恐怕不怎么好，最后还是得要靠自身的抵抗力清除病菌。至于细菌性肺炎，则最好住院治疗。

误区：并不是感冒拖太久才变成肺炎！

事实上，感冒是否会变成肺炎，与患病时间长短并无关系。肺炎的感染，必须有两个巴掌才拍得响：病人当时的免疫力较差，同时要有致病原。简单来说，之所以会感染肺炎，就是在一个不巧的时间点（免疫力正差），碰到了一个不速之客（恶性的病毒或细菌），然后就发生了。所以不要因为得了一次肺炎，就整天担心会得第二次、第三次，一感冒就急急忙忙住院，这些都是不必要的忧虑。

提前吃感冒药或抗生素，都无法预防肺炎

感冒时滥用口服抗生素，已经证实对肺炎的感染无预防之效果。如果乱吃剂量不足的抗生素，反而会养出具有抗药性的细菌，不幸感染肺炎时，会更难治疗。

肺炎的诊断，必须要有胸部 X 光片为佐证。但是除非医生怀疑肺炎，否则千万不要动不动就要求给孩子照 X 光。一个幼儿一年感染病毒可能高达十次以上，每次都照 X 光，放射线的暴露一定会过量，反而得不偿失。找一位能与您讨论病情的医生，然后配合治疗，大部分的肺炎都会痊愈的。

呕吐

小孩突然腹痛呕吐，该怎么办？轮状病毒、诺如病毒、肠胃型感冒，这些常常从医生口中听到的名词，又是什么呢？由我来为您解开疑惑。

呕吐的原因

🔹 大部分的小朋友突然呕吐都是因为病毒性肠胃炎，这种疾病也有人喜欢称之为"肠胃感冒"。

🔹 其他一些疾病，如食物中毒、脑膜炎、阻塞性肠炎等，也会引起呕吐，只是比较少见。

什么是病毒性肠胃炎？

🔹 病毒侵犯到喉咙时，我们称之为感冒；病毒侵犯到胃肠道，就称之为病毒性肠胃炎（或者肠胃感冒）。

🔹 有几种病毒特别喜欢感染胃肠道：轮状病毒、诺如病毒、腺病毒40型与41型等。很多人以为肠病毒也会引发肠胃炎，这是误区。

🔹 感染这些病毒的原因是接触到别人的病毒，并使得病毒由口腔进入，这是由传染而来的，不见得是吃坏东西。飞沫传染也可能发生。

🔸 病毒感染并没有特效药，等到自身的抗体产生后，病情自然会好转。

病毒性肠胃炎的症状

🔸 呕吐常常是最开始的表现，有时会伴随一阵一阵的腹痛。

🔸 孩子一吃就吐，喝水也吐，让家长不知所措。

🔸 呕吐的症状会持续 6 ～ 24 小时不等，随个人体质与感染的病毒种类而定。

🔸 呕吐期过后，有些孩子会开始拉肚子，或伴随轻微发烧。

如何照顾患病毒性肠胃炎的孩子？

一岁以下的婴儿：

🔸 吃配方奶的孩子，先停掉奶粉，改以口服补液盐喂食八小时。口服补液盐在药店均可买到。

🔸 口服补液盐每次一小勺，每十分钟喂一小口。这样少量多次地喂食的目的，是不要让孩子的胃负担太重。

🔸 吃母乳的孩子则可继续喂母乳，减量、多次，每半小时哺喂四至五分钟。

🔸 如果连续四小时都没有吐，就可以开始增加喂食量。

🔸 如果连续八小时都没有吐，就可以回到正常的奶量。在吃辅食的孩子也可以开始吃些清淡的食物：稀饭（可搭配少许海苔酱或酱瓜汁）、白饭、白馒头、白面包片、苏打饼干、米汤、白面条、马铃薯，水果可吃苹果泥或香蕉泥。我比较推荐米汤、稀饭、微烤的面包片这三种。

一岁以上的幼儿：

🔸 每十分钟给一汤匙的白开水，少量多次。不要吃固体食物。

🔸 如果依然吐得很厉害，先禁食禁水一小时，休息过后再少量多次地喂水。让孩子去睡觉是不错的休息方法。

如果连续四小时都没有吐，可以开始增加喝水量。

如果连续八小时都没有吐，则可以开始吃些清淡的食物（见前述）。

上述清淡饮食要持续一到两天，才可以恢复正常饮食。

常见的错误观念

才吐个两三次就担心孩子脱水——不会的，尤其是一岁以上的孩子，要脱水不容易。

孩子吐了以后又强灌大量的水——这样做一定会再吐。

认为打了止吐针，或塞了止吐塞剂，又或吃了止吐药，就不会再吐——这是错误的期待，照顾孩子还是要遵照上述少量多餐的原则。

送医的时机

真的有脱水的迹象：眼眶凹陷，八小时都没有尿尿，身体虚弱。

呕吐物里有血。

腹痛持续四小时没有改善。

症状完全不像肠胃炎：精神不济、叫不醒、活动力差、抽搐，有这些状况需尽快带至医院治疗。

若孩子超过二十四小时依然无法进食，或呕吐症状持续恶化，建议带至医院评估是否需要输液以防脱水。

腹泻

孩子腹泻怎么照顾？我想不只是孩子，即使大人腹泻起来也是很难受的。这里给大家提供一些指引与帮助。

腹泻的原因

- 大部分的腹泻都是由病毒性感染引起的（也就是肠胃感冒）。
- 少部分是细菌性（包括食物中毒）或寄生虫感染引起的肠胃炎。
- 婴幼儿吃母乳期间，若一天排便好几次，大多是正常的，不是腹泻。
- 如果不是喂母乳，婴幼儿仍有腹泻症状出现，可能是牛奶蛋白过敏。
- 其他少见的腹泻原因：先天性巨结肠症等。

病毒性肠胃炎的致病原轮状病毒、诺如病毒居多；而常见的引发细菌性肠胃炎的菌种则是沙门氏菌（Salmonella spp.）、弯曲杆菌（Campylobacter）与气单胞菌属（Aeromonas spp.）等。通常病毒性肠胃炎的粪便比较稀、黄、水；细菌性肠胃炎则是黏、臭、绿，还有血丝。不过这些都只是经验之谈，并非百分之百准确。

腹泻的居家照护

不管是细菌性还是病毒性的肠胃炎，治疗都是以支持疗法为主，也就是以"帮助孩子度过生病的日子"为目标，而不是用抗生素或者某种神奇的药物给孩子治疗。我们最主要的目的是不要让孩子因腹泻而脱水。随着孩子年龄的增长，照顾的方式也不尽相同。下面我来给家长稍加解释。

婴幼儿（喝母乳）

🥟 喝母乳的婴儿大便糊糊的，甚至黄黄的，一天不管拉几次都是正常的。若有下列几个不正常的迹象：大便有血、大便有黏液、大便很臭且造成尿布疹、食欲减退、体重减轻、精神不佳、发烧等，才需要就医。

🥟 喂母乳的母亲少喝刺激性的饮料（如可乐、咖啡、茶），可以减少婴儿的稀便。

🥟 如果真的是肠胃炎，不要停母乳，继续喂食（不减量）。若小便量减少，表示吃不够，可以增加奶量，或补充口服补液盐。

🥟 益生菌可能有缓解腹泻的效果。

婴幼儿（喝配方奶）

🥟 停止喝配方奶。

🥟 喝 6～24 小时的口服补液盐。原则上小宝宝能喝多少就喝多少，不需要限制。

🥟 若是三更半夜买不到口服补液盐，可以用米汤加盐巴代替（做法：半杯米汤，加两杯水，再加 1/4 匙的盐巴）。

🥟 经过 6～24 小时的口服补液盐喂食，如果孩子腹泻次数减少，就可换回配方奶。

🥟 如果连续拉肚子两天以上，请改吃无乳糖的奶粉。

🥟 使用无乳糖奶粉后仍腹泻的话，第一天可以用一半的浓度（半奶），但记得第二天就要恢复原来的浓度。

🍈 使用无乳糖奶粉直到腹泻停止三天后，才可换回原来的奶粉。

🍈 如果您的孩子已经在吃辅食，可以吃以淀粉质为主的食物：米汤、稀饭、白饭、白馒头、微烤的面包片、苏打饼干、白面条、马铃薯，水果可吃绿色的生香蕉泥。

🍈 益生菌可能有缓解腹泻的效果。

大孩子（一岁以上）

🍈 改吃以淀粉质为主的食物：稀饭（可搭配少许海苔酱或酱瓜汁）、白饭、白馒头、微烤的吐司、苏打饼干、米汤、白面条、马铃薯，水果可吃绿色的生香蕉。

🍈 上述的淀粉质饮食要持续到腹泻停止后一到两天，才可以恢复正常饮食。

🍈 不要吃蔬菜以及其他水果、蛋类、豆类、油脂类等食物。

🍈 补充水分很重要，喝白开水或口服补液盐，不必限量。

🍈 不要喝运动饮料或果汁、牛奶（便利店卖的都不适合），这些饮品会让您的孩子拉得更严重。

🍈 若有止泻药，可以配合着吃，然而药物只是辅助，食物控制才是重点。有些药效较强的药物要在医生指导下服用，切勿自作主张。

🍈 益生菌可能有缓解腹泻的效果。

常见的错误观念

🍈 运动饮料能够补充电解质：错误！运动饮料中的糖分太高，电解质又太少，这些糖分会让孩子腹泻更厉害，而且得不到足够的电解质。使用上述提到的口服补液盐或者米汤加盐巴才是正确的。

🍵 喝 6 ～ 24 小时的口服补液盐，都没有摄入养分，孩子会营养不良：错误！孩子不会因为这一小段时间没有摄入足量养分就营养不良。

🍵 既然这样，那口服补液盐就喝久一点，或者一直喝半奶：危险！超过一天连续喂热量不足的口服补液盐或半奶，会让孩子逐渐失去能量。那就真的会营养不良！请喝浓度足够高的无乳糖配方奶，或者母乳。

🍵 一喝就拉，一吃就拉，那就少喝一点：危险！一喝就拉或一吃就拉，这是肠胃的反射动作。腹泻时水分及养分流失，更要补充足量的液体，甚至比平常量更大。不管是口服补液盐还是无乳糖奶，都应该喝到足量。如果拉肚子严重到有尿布疹，请擦大量氧化锌（ZnO）药膏或凡士林，每次换尿布时都擦，擦得越厚越好，不要只擦薄薄一层。

🍵 止泻药都没有用，换一个强效一点的：危险！小儿止泻用药本来就应该比较温和，况且没有任何一种神药可以"完全"让腹泻停止。有些成人的药给孩子吃，虽然可以马上止泻，然而不久之后婴儿就会腹胀如球，痛不欲生，哭闹不休，何苦来哉！

预防腹泻

肠胃炎几乎都是粪口传染，有人上厕所没洗手，摸了门把或水龙头，其他人又再去摸，就被感染了。病毒性肠胃炎也可以通过飞沫传染，真的是防不胜防。然而，洗手永远是防止感染性肠胃炎传播的主要方法，不论是上完厕所，或是帮孩子换完尿布后，都应该要好好洗手。

有时候妈妈在厨房处理未烹调的鸡肉或是鸡蛋，宝宝一哭，忘记洗手就处理孩子的食物，因而让宝宝暴露在细菌当中，这是常见的卫生漏洞。

至于细菌性肠胃炎，有时候来自不干净的水、未煮熟的食物（鸡肉、蛋壳等）。因此不要喝山泉水，也不要喝地下水，不管什么水都应该要煮过。熟食是最好的保护，生食永远有潜在的危险。

黄医生聊聊天

有关腹泻照护的提醒：

🌓 很多口服补液盐并不符合世界卫生组织的标准，尤其是糖分太高，渗透压破表的，反而会越喝越严重，请辨明不要买错。下面附上符合国际标准的口服补液盐成分表，选购时请特别参考之。

🌓 很多研究显示，米汤加盐巴的效果甚至比口服补液盐还要更好一些，对以米食为主的华人是个好消息。

🌓 不要强迫患肠胃炎的孩子禁食或进食。禁食太久反而会拖延病程，而强迫吃东西则可能导致腹痛。顺其自然，少量多餐，才是最好的照护之道。

🌓 偏绿色的生香蕉有助于止泻，但熟透的香蕉却能帮助排便。这两者的功能各有不同，家长要明辨之。

🌓 虽然有些益生菌标榜要放冰箱，但研究显示，就算您忘记冷冻了，治疗轻度腹泻的效果还是存在的哦！

🌓 造成腹泻常见的轮状病毒与诺如病毒，都是无外套膜的病毒，无法用酒精杀死。因此，"肥皂勤洗手，漂白水消毒环境"仍是降低病毒传播概率的最有效方法。前面在肠病毒部分提到的次氯酸水喷雾虽不见得能百分之百杀菌，但因为方便无味，可以搭配使用。

口服补液盐标准浓度 （根据美国儿科学会与世界卫生组织标准）	
钠 （每100ml）	4～6mEq/L
葡萄醣或碳水化合物 （每100ml）	2～2.5kg
渗透压	< 250mOsm/L

送医的时机

β 按上述方式照护连续两天后无效。

β 您的孩子粪便里有血丝。有血丝可能是细菌性肠胃炎，在幼儿身上也可能是肠套叠疾病的表征，总之此时应该就医，由医生判断严重程度。

β 您的孩子有脱水迹象。脱水的症状为：眼眶凹陷，八小时都没有尿尿，精神不佳。

β 活动力减弱，尤其是三岁以下的幼童。

β 您的孩子腹泻合并发烧已经两天。

β 慢性腹泻达两周以上。

便秘

　　不知道为什么，孩子便秘竟然成了现代社会的文明病。很多妈妈愁眉苦脸地带孩子来门诊，就是为了解决孩子大便时会哭、大便很硬、大便出血等问题。

　　妈妈们首先要知道的是：什么状况是真正的便秘？第一，孩子大便时会痛、会哭，甚至流血；第二，粪便太硬，用力挤十分钟以上还是出不来；第三，超过三天才排一次便，而且很硬，有这些症状的其中一项，才能做出便秘的诊断。

　　什么状况不是真正的便秘？第一，喝母乳的宝宝超过三天排一次便，甚至七八天排一次，但只要是软便，都不算便秘；第二，粪便虽然量很多，但是宝宝用力挤就可以挤出来，不哭不闹，只是脸红脖子粗，这种都是正常现象，不算便秘。

　　如果您的宝宝有便秘的问题，可以尝试我下面列出的方法，大部分孩子的便秘情况都能得到改善。

不到六个月的宝宝

　　🍪 如果可以喂母乳，就尽量喂，喝配方奶容易便秘。

如果已经在喝配方奶了，也没有母乳可用，可以在正常的喂食以外，给宝宝喝一些水（一整天约 60～120ml）。注意，这些水不要和正餐一起喂食，最好是分开给，才不会影响到热量摄取。

如果超过两天没有排便，可以用肛门温度计（肛表）抹凡士林刺激肛门口。

六个月以上的宝宝

将奶量慢慢减少，开始提供辅食。牛奶是便秘的元凶，能少则少。

辅食每天至少两次，必须有纤维素含量高的水果泥、蔬菜泥。蔬菜量要够多，不可以只有一小片菜叶，至少要 20 克以上。蔬菜要用果汁机打烂，同时要避开纤维太粗打不烂的菜梗。至于水果，纤维素含量高的有橙子、木瓜、水梨、葡萄、李子、桃子等，同时不要忘了番石榴、苹果等，可以从中摄取足量的油脂。

辅食中的稀饭或米糊，请改用糙米来熬。

辅食里要加一些油（牛油、猪油与植物油脂皆可）。

一岁以上的孩子

基本上可以停止喝奶了，酸奶如果没有功效也赶快停，另外饼干、零食等也统统停掉。

吃糙米。糙米是最好的"益生质"。很多妈妈只吃益生菌，却不知道没有益生质，益生菌很快就死光光了，根本没有效果。

更大的孩子可以吃全麦面包、高纤饼干等富含益生质的食物。四岁以上的孩子可以吃爆米花（但不可以把咖啡色的硬壳吐掉，那才是最重要的部分）。

确定孩子每天都吃足量的蔬菜与水果，请注意是"足量"。高纤的水果请看上面所述。如果是能吃皮的水果，尽量连皮吃。

果汁可以喝黑枣汁。其他果汁如橙汁，都不是很有效，除非把纤维打进去。

🍪 多喝水。另外，这个年纪的孩子可以喝蜂蜜水。

🍪 食品里要加一些油（牛油、猪油和植物油脂皆可）。

🍪 较大的孩子如果正在训练上厕所，必须规定他们每天都要排便。

　　至于软便剂，只能在急性期用来缓解便秘的症状时暂时吃一阵子，同时应依照上述建议改变饮食，之后就不应该再一直吃药了。不过，有些孩子因为屁股流血疼痛，对排便开始有心理障碍，会忍住粪便，夹屁股，脸红脖子粗，死都不肯去马桶。这样的状况之下，可以长期使用软便剂（1～6个月），让孩子憋不住软便，祛除心理障碍，渐渐地不再害怕上厕所，再慢慢停药。通常女孩子会需要比较久的时间才会忘记拉硬便便的痛苦，男生比较健忘。

　　益生菌虽然有帮助，但是要配合益生质（糙米、全麦制品）的摄取，光靠益生菌可能效果不佳。其他什么牛奶泡浓泡稀、换奶粉品牌、吃维生素、每日用棉棒刺激肛门等做法，皆不建议。持之以恒，相信能让您有个排便顺畅的宝宝！

泌尿感染

　　成人会有泌尿感染，婴幼儿也会有泌尿感染。大人或学龄儿童的泌尿感染，多半是憋尿又少喝水所引起的，然而，婴幼儿的泌尿感染则不一样。很多家长听到宝宝得了"泌尿感染"都很惊讶，总是会问："小宝宝也会得泌尿感染吗？"答案是：会，而且还不少。

　　婴幼儿泌尿感染，一岁以下以男婴居多，一岁以上则以女童为主。正常的尿道口就有一些细菌存留，这些细菌大部分来自胃肠道（就是粪便）。因为婴幼儿的尿道比较短，所以这些细菌很容易就会往上游到膀胱里面，如果没有实时排出，粘上了膀胱壁造成发炎，就是泌尿感染的开始。如果只是膀胱发炎，我们称之为"下"泌尿感染；如果细菌继续往上游，侵犯到肾脏，我们就叫作"上"泌尿感染，或者称之为"急性肾盂肾炎"。

泌尿感染的症状：不明原因的高烧

　　一般怎么发现宝宝有泌尿感染呢？通常就是孩子高烧不退，却又不明原因，没有其他症状，带到医院检验小便后才发现的。年纪较大会表达不舒服的孩子，则可能表现出三个症状：尿频、尿急、尿尿会痛。到了医院，医生认为可能是泌尿感染的话，大孩子可以自行留取"中段尿"，送去检验。所谓中段尿，就是刚开始的尿不要接，过一两秒之后再用杯子去接，尾段的尿也不要留。

至于小婴儿该怎么留尿呢？就是买个婴儿专用的"尿液留置袋"贴在尿道口，随时检查一下小婴儿尿了没有，有尿就把留置袋拆下来送检即可。通常这部分会有护理人员协助家长处理。

初步检验小便，是要看看尿液里有没有白细胞。为什么是检验尿里的白细胞呢？简单来说，就像是有强盗的地方就会有警察一样，通常有细菌的地方，白细胞就会跑来。如果小便里的白细胞数目超过正常值，我们就会强烈怀疑病人得了泌尿感染。

注意哦！这样的初步检验并非100％准确，事实上，准确度大概只有80％。也就是说，即使检查结果正常，也有20％的可能是泌尿感染；而即使检查结果异常，也有20％的可能是虚惊一场。所以，临床的诊断与医生的经验，这时候就显得很重要了。

不同于大部分的儿童感染症，泌尿感染几乎都是细菌感染，也就是需要用抗生素治疗。但是在使用抗生素之前，一般要先确定有细菌，而且要确定是哪一种细菌，用药才会准确。

尿液细菌培养才能确定诊断

正如我在上一段提到的，有些尿液检查并不是很准确，要确认诊断，就必须做尿液细菌培养。自己会尿尿的小孩，可以留中段尿进行细菌培养，但是要留两套以上才准确，不可以只留一套。

婴幼儿尿液细菌培养就不能随便贴个尿液留置袋，因为这样可能会采检到皮肤上的细菌，就不准确了。婴幼儿的尿液细菌培养有两种做法：一是用经皮肤穿刺；二是用导尿管单次导尿。爸爸妈妈听到经皮肤穿刺或导尿管，都吓呆了。别担心，技术好的医生，用经皮肤穿刺进膀胱取尿，十秒内就解决了。而导尿管导尿也是三十秒内可以解决，其他时间都是在消毒。其实真的没有那么痛，或者那么恐怖啦！

开始尿液细菌培养的步骤之后，就可以开始使用抗生素了。因为培养细菌需要三天的时间，所以前三天的抗生素是经验性疗法，也就是"靠猜的"。一般医生猜中的概率很高，不过偶尔也会有猜错的时候，那么就等三天后培养报告出来，再决定要改用哪一种抗生素。大孩子感染如果不是很严重，这三天的抗生素可以带回家吃；但是小婴儿的感染，通常还是住院用静脉注射抗生素比较保险。

婴幼儿的泌尿感染，除了用抗生素治疗，还要确认是下泌尿感染还是已经侵犯肾脏，成为急性肾盂肾炎。如果是后者，那么治疗时间要 10 ～ 14 天以上（住院注射一周，回家口服一周）；如果是前者，那么烧退两天后就可以停药了。要怎么确认是下泌尿感染还是急性肾盂肾炎呢？有两种做法：一是超声波检查，二是核磁共振。总之，医生怎么安排，配合着做就好了，等结果出来，就可以知道要治疗多久。

诊断是否为先天性泌尿道结构异常

经过超声波与核磁共振检查，若确定细菌已经侵犯到肾脏，有时候医生还要再安排做一个检查，就是"排尿性膀胱尿道造影"（VCUG）。这又是什么呢？简单地说，在婴幼儿时期得急性肾盂肾炎的孩子当中，有 1/3 的概率是有先天性的泌尿道异常。这 1/3 的孩子如果没有事先查出这些异常，将来会反复泌尿感染，伤及肾脏。因此，为了这 1/3 的可能，我们会安排排尿性膀胱尿道造影的检查，看看有没有问题。其中最主要的异常，就是有名的"膀胱输尿管逆流"。

膀胱输尿管逆流是先天性异常，意思是输尿管与膀胱的"接头松了"。如果这个接头松了，尿液就会从膀胱一下子蹿到输尿管，甚至跑到肾脏的肾盂。若是尿液带着细菌在里面，也难怪会感染急性肾盂肾炎了。如果医生发现孩子有膀胱输尿管逆流，根据严重度不同，有不同的处理：最轻微者定期追踪即可，或者吃预防性的抗生素，最严重者则要开刀矫正。

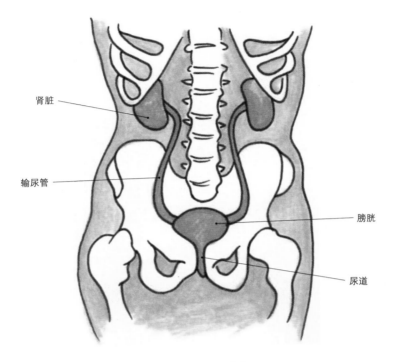

肾脏

输尿管

膀胱

尿道

图 5-7：人体的泌尿道

　　不过根据新的泌尿感染治疗方针，如果只是初次的肾脏发炎，并且超声波检查没有明显异常，可以先省略排尿性膀胱尿道造影这个检查，以免增加孩子的痛苦，以及放射线的暴露。所以如果您的医生没有安排此项检查，表示他认为这次还不需要。

预防泌尿感染

　　经过这么多检查，折腾了半天，孩子终于可以结束治疗了。如果是年纪较大的孩子得病，叫他以后多喝水，不要憋尿就可以了。如果是小婴儿得病，但是没有肾盂肾炎，或者虽然有肾盂肾炎，但是没有膀胱输尿管逆流，那么就算是偶发事件，将来可以放心，只要按照原先的照护方式让宝宝健康长大就可以了。只有检查出泌尿系统有先天异常的宝宝，才需要持续追踪。大部分轻微的膀胱输尿管逆流，在六岁之前都会自动复原，只有少部分严重的个案需要开刀矫治。

很多家长因为孩子得了泌尿感染，互相指责对方"尿布照顾不周"，或者责怪保姆或爷爷奶奶，这是极大的误解。虽然说泌尿感染的细菌是从大便中来的，但是根据研究，再怎么勤换尿布，也没办法预防泌尿感染的发生。要预防泌尿感染，应该从保持尿道口黏膜的完整性着手，比如说：

🌑 用清水冲洗会阴部与尿道口，不要过度使用肥皂或任何清洁液，这些刺激性的物质会伤害黏膜，导致该部位更容易被感染。

🌑 不要用力搓刷会阴部或尿道口，照顾男宝宝时更不可用力推挤包皮刷洗，这些都是危险动作，会伤害黏膜。

🌑 幼儿泡澡也尽量不要使用泡泡浴。

至于年纪较大的儿童，规定每天要多喝水，并且至少每四小时小便一次。家长可以观察孩子尿液的颜色，如果偏黄，表示喝水太少，要补充更多。便秘的孩子容易憋尿，所以如果孩子有便秘，也要同时处理。蔓越莓汁并不是仙丹妙药，只能"稍微"减少某些细菌的感染概率，不需强迫孩子饮用，除非他自己喜欢喝。

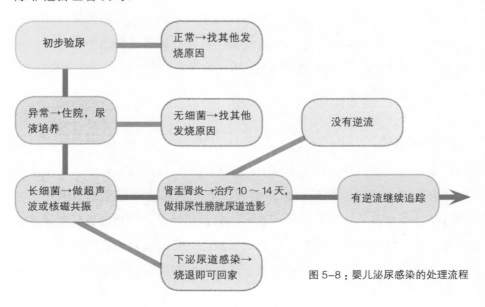

图 5-8：婴儿泌尿感染的处理流程

幼儿急疹

有一位一岁大的小女婴因为不明原因发烧住院，她烧了两天，每天都烧到40℃，而且还有轻微的拉肚子。住院以后，尿液检验发现白细胞轻微上升，所以就被当作泌尿感染治疗。治疗了三天，尿液细菌培养和粪便培养也没有发现任何细菌。高烧五天之后，她自己退烧了。退烧的当天，身上开始冒出一粒一粒的红疹，而且越来越多，到了退烧的第二天，几乎从头到脚都长满了这种不痛不痒的粉红色斑点。这个孩子的症状，正是典型的幼儿急疹，又称"玫瑰疹"。

幼儿急疹是儿科医生展现"未卜先知"能力的疾病：胆量小的、极度谨慎的医生，可能会像上述例子一样，当作其他疾病来检查与治疗，绕了一大圈，最后才发现原来只是虚惊一场；胆子比较大、经验丰富的医生，就可以预测"可能是幼儿急疹"，多等个两三天，最后疹子一出，真相大白，家长与医生都松一口气。幼儿急疹这个疾病，一定要烧满四五天，疹子才会出现，因此在刚开始发烧的前三天，非常不容易诊断，再怎么有经验的医生，还是有可能会猜错。

这里提供一些秘诀，或许可以让家长早一点怀疑孩子得的是幼儿急疹，进而少做一点无意义的检查与治疗，避免增加孩子的痛苦。

🌙 患幼儿急疹的孩子一般年龄较小。发病的年纪通常在两岁以内，更大的孩子就要小心其他病症。

🌙 患幼儿急疹常常会发高烧，最高温度常常动辄 39℃、40℃，而且反反复复持续四到五天。如果温度太低，我反而会怀疑是其他疾病。

🌙 患幼儿急疹的病童没有呼吸道症状，也就是没有咳嗽，没有流鼻涕，食欲正常，不会呕吐。唯一的线索是会有轻微的腹泻，但不严重。

🌙 患幼儿急疹的孩子一般精神很好。除了发高烧的时候有点懒洋洋，吃了退烧药后，一定又是活蹦乱跳的。

🌙 最后一个症状，要医生检查喉咙才看得到，就是喉咙有一点点泛红发炎。

幼儿急疹没有快速筛检，没有血液、尿液或任何检查可以早期证明。所以，如果上述五项都符合的话，我通常会等个四到五天，等疹子冒出来。最终若是我猜对了，那么就是皆大欢喜的局面；如果还是没有疹子冒出来，我才会开始朝其他疾病去检查，包括检验泌尿感染或抽血等。

在幼儿急疹发烧的那四到五天，家长要怎么照顾孩子呢？其实就是照顾他的体温就可以了。发烧要怎么照顾，可以参考我本章第一篇的"发烧"，至于吃与喝，都没有特别的禁忌。最重要的是放轻松，注意观察孩子的精神与食欲，若真有明显下降，才要赶快就医。

需注意的皮肤病征

儿科的皮肤病征实在太多了，包括病毒疹、异位性皮肤炎、荨麻疹、湿疹、出血点、蜂窝性组织炎……真的是"族繁不及备载"。身为父母，实在不可能一一辨明或诊断，还是得靠医生帮忙。所以，这里我只介绍两种需要赶快就医的皮肤病表征：一个是出血点，一个是蜂窝性组织炎。

皮下出血点

皮下出血点就是皮肤的微血管破裂。至于为什么会破裂，这是儿科医生才需要知道的细节。疯狂大哭过后的幼儿，眼睛周围的皮肤也许会出现细小的红斑，这就是皮下出血点。此皮下出血点是因为哭得太用力，把血管挤破了，这种就不需要担心。但是如果在身上其他地方发现皮下出血点，原因就有可能是"血小板过低""过敏性紫癜"，或者更严重的"败血性血栓"等。反正，不会是什么好事情，赶快挂急诊就对了。

怎么分辨皮肤上出现的红点点是否为"皮下出血点"呢？很简单，快去拿一个透明的玻璃杯，轻轻地压住宝宝身上的红色斑点。如果轻压之后，透过玻璃杯观察发现疹子不见了，颜色一压就褪色，那就属于一般的红疹；相反的，如果透过玻璃杯看，疹子依然鲜红或泛紫，表示此为皮下出血点或紫癜，需尽快就医做进一步诊断。

图 5-9 辨别皮下出血点的方法
用透明玻璃杯轻压，若疹子依然
鲜红或泛紫，表示为皮下出血点
或紫癜，需尽快就医。

蜂窝性组织炎

蜂窝性组织炎，跟蜜蜂一点关系也没有，其实就是"皮下组织感染"。我们的皮肤是一堵厚厚的城墙，坚固地挡住外来伺机而动的细菌们。然而一旦皮肤出现伤口，这些细菌就会侵入我们的皮下组织，如果抵抗力不足，就会变成蜂窝性组织炎。

蜂窝性组织炎一定要有四个要素：红、肿、热、痛。我听过太多这样的故事：小朋友被蚊子叮咬，当天马上肿起一个大包，被当作蜂窝性组织炎，给予抗生素治疗。但是在这个孩子身上只有一点点红，虽然很肿，但是没有发热，压了也不会痛，这极有可能是"过敏性水肿"，而不是蜂窝性组织炎，因为根本没有细菌在里头。

真正的蜂窝性组织炎，一定会先有一个伤口，可能是抓伤（被人或动物）、咬伤、割伤、刺伤，进而开始泛红、肿大，触摸会疼痛，最终可能会导致发烧。蜂窝性组织炎一定要赶快就医，用抗生素治疗才会痊愈。

这里跟大家提醒一下：蚊子叮咬的伤口，或者注射疫苗的针孔，都很小很小，不可能一天之内就被细菌入侵。除非用手抓破皮，细菌从指甲被抠入伤口里，经过 48 小时，才可能变成蜂窝性组织炎。所以真正令人担心的是"抓痒"这个动作，而不是蚊子叮咬本身。

下次再听到有人告诉您"被蚊子叮会立刻变成蜂窝性组织炎"的时候，应该是错误的信息。

何时挂急诊

　　您是否有这个经验：当孩子生病了，出现一些症状，心急如焚的您手忙脚乱地送孩子到急诊室，却换来医生一顿白眼，一副"又没怎样，干吗那么紧张"的表情。这里将会告诉家长们什么时候要送急诊，其他时候在门诊挂号就可以了。

　　有些严重的病征就不用强调了，比如说大面积烫伤、大出血、呛到窒息、抽搐、昏迷等，不可能不送医急救。下面列出的是一些您可能不是很确定是否严重，但事实上要尽快就医的状况。

　　🄰 一个月以下的新生儿精神变差：可能是严重的败血症，快送医。

　　🄰 精神涣散：若您的孩子不哭不笑，眼睛只盯着一点看，整个人软趴趴的，快送医。

　　🄰 一碰他就喊痛或尖叫，快送医。

　　🄰 不能走路：不能走路，可能是脚的问题，也可能是脑部疾病（如脑瘤），常常也是严重腹痛的表现。

　　🄰 肚子痛到不能走路：可能有严重的腹部感染。

　　🄰 睾丸或阴囊疼痛：如果是年纪比较大的孩子（大于十三岁），要小

193

心睪丸扭转。

🌓 喘：这是最重要的症状，也是最难辨别的症状。首先您要确定孩子不是鼻塞导致呼吸声很大——先用食盐水清洗鼻子后抽鼻涕，再予以评估。不管是呼吸费力、呼吸有哮吼声或者"咻咻"的喘鸣声，都应该快点送医。体温正常时，若呼吸大于 60 次／分钟，唇色发紫、胸肋凹陷的话，更要快点就医。

🌓 唇色发紫：缺氧，快就医。

🌓 流口水：不是小婴儿一般的流口水，而是本来已经不会流口水的孩子，突然不能吞咽，口水直流，才是不正常的。这可能是吞咽困难，也可能是口咽部位的任何疾病（如肠病毒、会厌炎等），所以要尽快就医诊断。

🌓 脱水的征兆：您的孩子若呕吐或腹泻严重，可能会有脱水的现象，包括八小时未解尿，眼眶或囟门凹陷、精神不济等。年纪较大的小孩不会吐个一两次就脱水，无须太紧张，先观察有无其他脱水的征兆。

🌓 身上有紫癜或皮下出血点：身上若有多处红色的皮下出血点，或紫色的斑点，要迅速就医。皮下出血点跟一般疹子的差别请参见 P191。

小
儿
用
药
安
全

在本章的最后，我来跟各位家长谈谈小儿用药的一些基本观念。

儿童少吃药

不管是中药或是西药，没有任何一种药是没有副作用的。如果有少数中药总是强调天然植物提炼，完全不提其副作用，那么这是一种欺骗的行为。至于大部分西药则很诚实地将副作用写在药品说明书上，万一不幸发生了不良反应，就可以回溯调查是哪一种药所引起。然而，一种药加上第二种药会发生什么事情，有时候就很难评估了；如果再加上第三种、第四种、第五种，配合各式各样不同的食物，说实在的，会迸出什么不良的火花，恐怕连神仙也难知道。

许多药物上市之前仅仅只有成人的临床试验，并没有进行儿童的试验。因此，在孩子看病后，您若是拿到红白蓝绿黄一大堆的药混在一起，请数一下处方单上有几种药物：种类超过七种的处方，恐怕要问清楚后再给孩子服用。就儿童用药而言，"吃药的种类能少就少"！

黄医生聊聊天

天然提炼不等于是安全的代名词，很多不好的东西也是天然植物提炼的——比如说大麻。

大部分的感冒药都是可吃可不吃

我相信这个观念与许多人的认知有很大的不同。很多人都以为"早点吃药病早点好"，其实不尽然。儿童用药最常开的不外乎退烧药、化痰药、鼻涕药、止泻药、胀气药等，孩子吃了这些药物以后，病就会好吗？不，绝对不是的。

这些药只是"症状治疗"，也就是"让您的孩子在生病的过程中舒服一点"，却不具备杀菌的作用。事实上，超过90％的小儿急性感冒，都是以病毒感染为主，而对于几乎所有的病毒，医学上都没有特效药（流感病毒除外），必须靠我们的抵抗力自然杀死它们。不同种类的病毒，病程需要的时间不一样，有些病毒需要两天，有些则需要五天。如果这种病毒需要五天才会被杀死，不管有吃药或是没有吃药，都一样会生五天病才会痊愈。

"真的吗？"您可能会大吃一惊。是的，正是如此。再次强调，吃药的功用，就是让孩子在生病的过程中舒服一点。您可能经历过孩子发烧后因为畏寒而哭闹不休，或是痰太多咳嗽到生气大哭，流鼻涕流得满脸，这些不舒服的症状，都可以通过吃药多多少少得到改善。因此，如果症状已经减轻很多，家长决定不需要再吃药，也是没有关系的。另外，如果孩子极度抗拒吃药，每次喂药都要哭闹一两个小时，那么"吃药"这件事反而会成为他最大的痛苦。在症状轻微的前提下，就别再吃药了。

但是，有些用药是不可以擅自停止的，比如说抗生素、鼻喷剂或吸剂、免疫疾病用药等，如果不清楚，可以请教开处方的医生："这些药一定要吃完吗？"相信医生会给您正确的答复。

药物分装比混在一起好

世界卫生组织在儿童用药的指引中提到，不同的药，应该用不同的包装，并标明不同的用法。这一点在大医院都做得到，许多诊所也有很好的标示，然而有少数医生是将药片通通磨成粉混在一起，这是不正确的。套一句电影《阿甘正传》中的名言：你永远不会知道你将拿到什么！（You never know what you're gonna get！）

药水比药粉好

您喂孩子吃过"早晚各四分之一颗"这种处方的药物吗？如果您曾经自己磨药粉，就知道这是个多么困难的"手艺"。就算有专人帮您磨好粉，混着药水一起喝，您看到小杯子上还残留着一些药粉吗？究竟您的孩子真正吃进去多少剂量，恐怕没有人能回答。当然，有些药物并没有药水的剂型，没得选择，只好开药粉，或者孩子非常痛恨药水，那也只好用药粉。但除此之外，药水还是比较正确的儿童用药类型。

药粉请在吃之前才磨

美国儿科学会早已强烈建议儿童用药不可在医疗院所磨粉，以免污染到其他药物，或者造成药效衰退。您可能不知道，从药片拆开被磨粉的那一刹那，药品就开始变质，到了第三天或者第五天，药效甚至已经降低至50％，这样的药，还有效果吗？所以我的建议是，买一个磨药器（不到25元），跟医生说："我的药自己磨就好。"拿原装的药片，等孩子吃药前再磨粉。

不要随便输液

我已经听过太多位家长跟我请求："吊个水让孩子快点好。"我的回答常常是："不好不好。"医学上应该要有的共识，就是"药能用吃的就不要用注射的"。静脉注射输液，通常只在非常时期，比如说无法进食（胃肠道出血、阻塞），或脱水、休克、低血糖等，须快速改善或急救的状况。所以，能吃能喝、能跑能跳的孩子，绝对不需要输液。点滴液的成分，如果没有加入其他药物，基本上就是生理食盐水与葡萄糖液。

有人说："是啊，医生，里面要加那个黄黄的营养针才有效！"那个黄黄的就只是维生素，还不如吞一颗维生素颗粒。还有家长要求在点滴液里加入退烧药，这就回到我刚刚的原则：药能用吃的，就不应该用注射的。如果您知道每年都有人因为注射退烧药而产生过敏性休克甚至死亡，应该会和我一样坚持药还是用吃的比较妥当。最后，如果您觉得输液会有精神变好的效果，这纯粹是因为强迫卧床休息所导致的。

黄医生聊聊天

儿童用药一向是由大人来主导，儿童不能为自己的权益发声，只能默默地接受。所以，为了自己的孩子，请勇敢地跟医生说："我的孩子精神还不错，应该不需要输液，处方请减至最少，不必帮我混合，也不必帮我磨药，能开药水最好，肛门塞剂能不用就不用。"相信只要是有良心的医生，都会非常乐意配合的。

第六章

三大过敏症

现在的孩子动不动就过敏的几个可能的原因：

家族遗传

空气污染

免疫系统"训练不足"

孩子很少外出运动

……

现在儿科门诊的小病人，几乎有一半都有过敏体质，有些是过敏性鼻炎，有些是异位性皮炎，也有些是哮喘。越来越多的家长感到困扰，为什么以前过敏的人没那么多，现在的孩子却动不动就过敏呢？

为什么过敏的孩子会增加？目前有几个可能的原因：

◎ 家族遗传：科学家正在逐渐寻找一些导致过敏的基因，试着解释家族里过敏的倾向。有趣的是，目前看来，似乎母亲过敏比父亲过敏更容易遗传到孩子身上！有些人认为胎儿还在子宫的时候，就已经受到妈妈过敏的环境影响。另一个说法是，重要的过敏基因可能存在于线粒体（一个只带有母亲DNA的胞器）当中。

◎ 空气污染：虽然家族遗传对于过敏诊断很重要，但是可以肯定的是，基因绝对不是造成过敏的唯一凶手。从工业时代开始，空气污染与食品添加剂这两大怪兽，成为引发过敏最重要的因素。人们的基因并没有改变过，是环境的污染使过敏被诱发。现代工业化国家的都市有汽车，乡间有工厂，我想，已经很难找到一片没有空气污染的净土了。

◎ 卫生理论与农场理论：当各国致力于公共卫生建设、清洁改善环境之余，虽然减少了感染性疾病，却让我们的免疫系统"训练不足"，英雄无用武之地。比如说，寄生虫疾病在都市已经非常少见了，所以用来对付寄生虫的E抗体（IgE），几乎已经碰不到敌人。这些抗体因而转向攻击我们自身的鼻腔、气管、皮肤，造成过敏性鼻炎、皮炎与哮喘。相反地，住在乡下农场的孩子每天接触家禽家畜的细菌与毒素，免疫系统"训练有素"，反而比较不会过敏。但请不要误会，并不是每个细菌或者病毒都能保护过敏儿，比如说，受到呼吸道融合病毒或者是百日咳感染的孩子，反而比没得过的孩子更容易产生哮喘。所以"不干不净，吃了没病"这个俗语，恐怕还要有一些运气的成分。

◎ 社会化的影响：研究发现，都市的孩子常常待在家里看电视，很少外出运动，因此增加接触屋子里过敏原（如尘螨、霉菌）的机会，也是造成孩子过敏的原因。

过敏的三大疾病：哮喘、过敏性鼻炎、异位性皮炎，我将会在此章节一一介绍。

哮喘

我自己在儿童时期就是个哮喘儿。虽然长大以后已经很少发作，但是一直到现在，我的气管依然是个"尘螨侦测器"，只要哪里有尘螨聚集，我一定闻得出来。根据对自身疾病的长期摸索、临床上病人的反馈，加上研读他人的研究成果，我对这个疾病有很多经验之谈，在此整合与各位分享。

首先要让各位做父母的知道：哮喘，其实就是"过敏性气管炎"，它和过敏性鼻炎、异位性皮炎一样，属于过敏体质的三大疾病。为什么要强调这个定义，是因为很多家长听到"哮喘"二字，马上会联想到电视上呼吸困难、命在旦夕、喘得面青唇白的画面，因而拒绝接受孩子被标上哮喘的诊断结果。我认为，这一切都是因为中文翻译的问题，并且"喘"这个字，总是给人体弱多病、孱弱不济的不良印象。有些医生喜欢说"过敏性气管炎"，让家长听起来悦耳一点，倒也无不可，其实是一样的意思。

哮喘或过敏性气管炎，就像过敏性鼻炎一样，只是发生的位置是孩子的气管。如同有鼻炎的孩子会反反复复地打喷嚏流鼻涕，哮喘的孩子也是反反复复地气管发炎、肿胀、分泌物增加。一旦气管有这些发炎的现象产生，您的孩子就会开始咳嗽，试着把痰咳出来；如果发炎得太厉害，气管阻塞，就会发出"咻咻咻"的声音了。

到底您的孩子有没有哮喘呢？根据全球哮喘防治创议委员会（GINA）的指引，有六个指标可以让您自己在家检视：

- 您的孩子呼吸时曾经有"咻咻"的喘鸣声吗？
- 您的孩子常常有夜间咳嗽的症状吗？
- 您的孩子每次运动或者游戏完都会咳嗽吗？
- 您的孩子接触到受污染的空气，或者是某种过敏原，就会胸闷、咳嗽，或者发出喘鸣声吗？
- 您的孩子每次感冒时痰都很多，而且症状都超过十天以上吗？
- 您的孩子用哮喘的药物治疗后，症状就有明显的改善吗？

上述这六个问题，只要有一项符合，就可以怀疑是哮喘儿。家长必须知道的是，只有严重的哮喘儿才会像电视上那样喘咻咻的，大部分孩子都是以慢性咳嗽作为表现，比如说夜间咳嗽，或者感冒久咳不愈。如果您的孩子因为慢性咳嗽被医生诊断为哮喘，千万不用惊讶，并不是一定要到喘得咻咻的地步才能说他是哮喘。

近年来患过敏性气管炎的孩子逐年增加，根据全国儿童哮喘流行病学调查显示，过去二十年哮喘儿童的数量上升了将近三倍。大家要知道的一个重要的观念是，过敏体质一旦被诱发，就不可能回头了。因此我常跟病人说，过敏可以被控制得很好，但不可能被根治。若您的孩子已经有了哮喘，不论是药物治疗、环境控制、饮食调整等，都只能"控制"其不再发作，而不能根治。"控制得很好"表示完全不需药物也没有任何症状，虽然与"根治"相去不远，但还是有根本上的不同。若有人号称能"根治"哮喘，此人必定是夸大不实之士，完全不了解哮喘的致病机制，家长一定要辨明。

接下来就跟各位说明怎么好好"控制"您孩子的过敏性气管炎。一共有环境控制、饮食控制、生活习惯调整与药物控制四大任务。

环境控制

大家都知道环境中有许多会诱发哮喘的因子：尘螨、香烟、霉菌、油烟、空气污染、蟑螂等，其中最重要的就是尘螨的防治。以下提供多种方法来灭绝尘螨与其他致敏原：

降低室内湿度：当室内湿度在50％以下的时候，尘螨和霉菌这两大致敏元凶会很难繁殖。因此，当孩子去上课，或者长时间离开房间时，请使用高效能除湿机除湿。要注意的是，太干的空气也会引发哮喘，所以孩子一旦回家，就把除湿机关掉，窗户打开通风。总而言之，就是"在房间里面没有人的时候才除湿"。

丢掉地毯、厚窗帘布、沙发坐垫、弹簧床及填充玩具：这些东西都是尘螨生长的温床，请赶快搬走，改用皮革材质、塑料材质的家居用品，或以木制家具取代。若无法移除弹簧床，须使用防螨套将床垫、枕头、棉被全部包起来，这一点非常重要。很多妈妈舍不得花这个钱，天天洗床单，这样做完全是白费功夫。尘螨都躲在床垫里面，光洗床单是没有帮助的。

不要再抽烟了：很多爸爸以为去阳台抽烟就没事，即便如此，也很难让屋内是个无烟的环境。长期暴露在有烟的致敏原下，孩子的哮喘不容易改善。

寝具的洗涤：包上防螨套之后的床铺，您可能会再套上一个孩子喜欢的漂亮床单。这些床单枕套需每星期用55℃以上的热水或烘干机先处理十分钟，或者使用杀螨化学制剂后，再以清水洗涤干净。这样做是借由加热或化学药物来杀死床单上的尘螨。请注意：杀螨化学制剂绝对不能取代防螨套！

高效能粒子空气过滤（high-efficiency particulate air filter；HEPA）系统：市面上有HEPA系统的吸尘器，也有HEPA系统的空气滤净器。使用这些可以稍微减少空气中飘浮的灰尘与尘螨，经济上许可的话，可以每个房间放一台。

每周清理空调及滤网：此步骤可去除灰尘、碎屑及霉菌过敏原。

不要养宠物：狗毛、猫毛都是让孩子哮喘的过敏原。

如果可以，搬离污染严重的都市也是一个不得已的方法。

🧹 大扫除时，尘螨过敏的病人应在清洁时及清洁后一小时内远离该处，因为此时致敏原会漫天飞舞。

饮食控制

绝对没有一种神奇的食物可以让孩子的哮喘马上得到控制，健康均衡的饮食是唯一法则，不可以吃零食、饮料、快餐以及含香精的面包等等。多补充水分，对气管的湿润有帮助，因为这样会让气管的分泌物不会那么黏。在哮喘尚未得到控制之前，温的饮品绝对比冰冷的好，更不可以吃棒冰。

近年来，益生菌的效果被过分地夸大，好像每天喝个酸奶就可以免除过敏的烦恼。事实上，益生菌的效用并未经过临床医学证实，尤其是对呼吸道过敏可能没有任何帮助。况且益生菌有非常多的种类，不能说某科学家发现这种益生菌有效，全世界跟这个菌种类似的表兄弟姐妹也统统一样有效，没那么好的事。总之，哮喘的孩子吃益生菌可能效果不佳，但吃了大概也没什么害处。

生活习惯调整

调整生活习惯当中，保证充足的睡眠非常重要，绝对不要让孩子晚睡！作息只要不正常几天，哮喘就很容易发作。感冒也是引发哮喘的一个重要因子，所以如果饮食作息正常，减少感冒的机会，当然可以减少发作的频率。

避免吸入冷空气也很重要。若是在冬天起床时，能给孩子一块温毛巾敷脸，让他不会马上接触到干冷的空气，并且在出门时戴口罩，不要快速地吸入冷空气，对他们很有帮助。

适度的运动也同样重要，而且对体质改善很有帮助。很多人误以为哮喘的孩子是不能运动的，实际上错得离谱。韩国游泳名将朴泰桓就是哮喘儿，我自己也曾泳渡日月潭，大学时也是垒球队员，根本不受哮喘影响。当然，所有的运动当中以游泳最好，因为游泳时呼吸频率温和，而且吸入的空气湿度高，不会刺激气管。

然而近年来有关游泳池消毒用的氯气与哮喘的关系似乎存在争议，所以游泳是否能对哮喘提供完全正面的帮助，要视个人体质而定。我的建议是：能游户外露天的游泳池的话，比室内游泳池来得好，因为氯气浓度会低一点；至于室内游泳池，如果游了一阵子症状不减反增，请赶快停止。

黄医生聊聊天

在我人生中的不同时期，曾经有几种天然食物（橘子、香蕉、猕猴桃）吃了哮喘会发作，印象中都是吃很多很多之后，才变成过敏。但是过了几年不碰之后，再尝试吃一点点，却又无碍了。这代表着每个孩子的"地雷食物"都各有不同，别人会过敏的食物，或不同时期会过敏的食物，皆不代表我现在也会过敏，试吃了才知道。

唯一完全不必要尝试的，就是糖果、饼干、巧克力、饮料等垃圾食物。这些都不是过敏原在惹祸，而是人工添加剂让你哮喘发作。

药物控制

控制哮喘的药物分为两种：保养预防药物和急性缓解药物。当一个孩子被诊断为哮喘的同时，就应该开始使用保养预防药物；若是突然急性发作，咳得很厉害，或者已经有喘鸣声，就应该使用急性缓解药物了。至于使用哪一种，由医生为您决定，切勿擅自做主张。

保养预防药物：

吸入型类固醇：吸入型类固醇每天一次或两次，剂量非常少（每剂约为口服的1%），且局限在气管而不是全身。许多大型的研究都指出，这种药物几乎没有任何的副作用，更不会影响生长发育。

顺尔宁（Singulair）：每日睡前一颗。顺尔宁不是类固醇（激素）类，是另外一种白三烯受体拮抗剂（leukotriene receptor antagonist），同样副作用很小，但是效果比吸入型类固醇稍微差一点。

急性缓解药物：

口服或注射类固醇（激素）：因为是口服或注射，所以药物会进入全身；若是剂量过高，或长期服用超过14天，会有副作用产生，但短时间使用正常剂量则不需要担心。什么是正常剂量？我教大家怎么计算：每公斤每天1～2毫克。比如说一个10公斤的孩子，一天吃10～20毫克，都属正常剂量。

口服气管扩张剂：气管扩张剂有很多种，有长效有短效，效果大同小异，这里不详细说明。有两个重点要提醒：第一，刚开始吃扩张剂时手会发抖，这是正常的副作用，家长可以将药量稍微减少一点，或者多吃几剂就不会抖了。第二，没有哮喘的人，感冒是不需要吃气管扩张剂的。若是您的孩子并没有过敏性气管炎，可以不要吃这种药，避免不必要的副作用。

短效吸入型气管扩张剂：短效吸入型扩张剂是哮喘者的救命仙丹，但也是滥用者的致命伤。一般急性发作时，可以用此药物缓解症状，但是不可以用过量，也尽量不要连续使用超过两周。

黄医生聊聊天

如果家长对吸入型类固醇有所疑虑，我算一遍给大家看。以体重20公斤的小孩为例，口服类固醇（激素）最低剂量每天每公斤1毫克，也就是一天要吃20毫克，一般治疗"至少"5天，所以口服一个疗程需100毫克的类固醇，这已经是非常谨慎的剂量了。

但吸入型类固醇每天只需0.2毫克，两者差距达100倍！也就是说，使用吸入型类固醇500天，才抵得上口服一个疗程的剂量。此外，吸入型药物只作用在呼吸道，大部分没有吸收到身体里，所以副作用几乎是零。

使用药物控制有三大原则：提早预防，勿排斥吸入型类固醇，以及使用方法要正确。

提早预防

不要等到您的孩子喘到不行时才开始用药，那已经太晚了。既然已经有这样的体质，看到孩子咳嗽频繁发作时，就应该开始定时使用保养预防的药物。孩子感冒后容易引发哮喘，所以感冒初期也应该开始使用保养预防的药物。激烈运动易引发哮喘，所以运动前就应该用气管扩张剂预防发作。早点用药可以避免您的孩子发作到最严重的状况，若是到那种地步，反而会让他最后不得不使用更高剂量、更全身性的药物，得不偿失！

勿排斥吸入型类固醇

有一些家长盲目地排斥任何的类固醇（激素），视之为牛鬼蛇神，坚持不肯让孩子使用，这种错误的观念真是害惨了哮喘的孩子。到目前为止，类固醇是唯一可以帮助哮喘儿的最有效的药物！当然，如果您的孩子在使用口服类固醇，家长必须注意剂量（请参阅前述）与疗程，不可超过两个礼拜，也不可常常服用。

然而，吸入型类固醇就没有这个问题，即便吸三个月、五个月，甚至一年，都不会影响孩子发育。事实上，根据研究表明，哮喘控制不良的孩子，因为长期咳嗽、食欲不佳、睡眠质量不好，生长发育都相对迟缓，长不高也长不胖；反而使用吸入型类固醇预防控制的孩子，睡得好、精神好，才有力气长高长大，学习效率也较佳。

使用方法要正确

使用定量喷雾吸入型药物时，若是配合"吸药辅助舱（spacers）"，效果可以加倍。吸药辅助舱虽然不便宜，却是个好东西：它可以让药物颗粒均匀地分布，不会粘在口腔内壁，吸气时药物也可以深入支气管，增加药物利用率。使用吸药辅助舱时，要深呼吸后憋气 8 秒钟；不会憋气的幼童，则让他自由呼吸 30 秒，记得不可让面罩离开孩子的脸，以免漏气。另外，吸完类固醇后要漱口，以避免产生鹅口疮。预防性吸入型药物切勿自行停药，应该跟医生讨论后再决定，也不要想到才用，或有症状时才拿出来用，这都是不正确的使用方法。

总而言之，持之以恒的照顾，习惯成自然，不只过敏性气管炎能得到控制，其他各方面一定也会更健康。尽量减少照顾者的人数，才不会让整个照顾过程的质量不断改变，导致功亏一篑。如果不幸又再发作，以平常心来看待，毕竟人生没有完美的事。好好配合医生治疗，孩子上了小学以后，发作频率会渐渐减少。这样的过程虽然辛苦，但对您和孩子的将来都是一个充满祝福的过程。

图 6-1：吸药辅助舱
使用吸药辅助舱时，要深呼吸后憋气 8 秒钟；不会憋气的幼童，则让他自由呼吸 30 秒，记得不可让面罩离开孩子的脸，以免漏气。

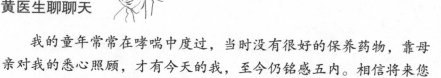

黄医生聊聊天

我的童年常常在哮喘中度过，当时没有很好的保养药物，靠母亲对我的悉心照顾，才有今天的我，至今仍铭感五内。相信将来您的孩子，也会这样感激您的恩情。

过敏性鼻炎

　　气管与鼻腔都是呼吸道的一部分，有过敏性气管炎（哮喘），就一定会有过敏性的鼻炎。以儿童而言，这两种疾病常常同时存在，只是程度有差异。根据研究，有哮喘的病人80％会合并过敏性鼻炎，而有过敏性鼻炎的病人则有10％～40％合并有哮喘，可知这两种疾病是"焦不离孟，孟不离焦"。

　　过敏性鼻炎的症状包括：流鼻涕、鼻子痒、鼻塞与打喷嚏。比如说，每天晚上睡觉都鼻塞睡不好，每天早上起来都会打好几个喷嚏，整天揉鼻子，加上黑眼圈……这些都是患过敏性鼻炎的孩子的常见症状。

　　根据疾病持续的时间，过敏性鼻炎可分为"间歇性"与"持续性"两种。间歇性的定义是：症状发生频率小于一周四天，或者反复发作不会连续超过四周；而持续性的定义是：每个星期四天以上都在鼻塞打喷嚏，或者症状已经连续超过四周以上。然而，有些孩子虽然经常打喷嚏或鼻塞，但是不影响上学，不影响运动，不影响睡眠，也没什么不舒服，我们就归类为"轻度过敏性鼻炎"。相反地，只要影响到了生活质量，不管频率如何，我们都称之为"中重度过敏性鼻炎"。

　　刚刚提到了哮喘与过敏性鼻炎的不可分离性，因此，会引发哮喘的过敏原，也同样会引起过敏性鼻炎。国际最具公信力的《过敏性鼻炎及其对哮喘影响指南》（ARIA）中提到，引起过敏性鼻炎的物质包括：

- 户外最重要的过敏原：花粉和霉菌。
- 家中最重要的过敏原：尘螨、宠物的皮屑、昆虫和霉菌。
- 空气污染、二手烟等。

此外，食物引起的过敏性鼻炎则非常少见。

很多家长问我是否要抽血检验过敏原，我个人认为帮助不大。除非问诊时觉得病史很特别，或者治疗效果很差的病人，我才会帮孩子抽血验过敏原。否则孩子挨一针很痛，却也得不到什么特别的答案（99%都是尘螨、霉菌、狗毛），徒然浪费金钱与时间。

要预防过敏性鼻炎，和预防哮喘的方法几乎一模一样。然而因为过敏性鼻炎属于吸入过敏原引起的疾病，因此环境控制显得更为重要。

在哮喘的环境控制里我提到了九个应注意的事项，其中最有效的就是"用防螨套将床垫、枕头、棉被全部包起来"，再则就是"室内湿度控制"，最后就是"创造无烟环境"。至于其他的措施都有一点点帮助，但都不及这三项重要。

生活习惯方面，过敏性鼻炎的孩子也应当作息正常、睡眠充足，避免晚睡。有同样毛病的家长应该很有经验，只要熬夜赶工作，过敏性鼻炎很容易就会发作。之前我也提到过，饮食作息正常，可以减少感冒的机会，进而能减少发作的频率。

清晨吸入冷空气也会让鼻黏膜突然充血。因此，若是在冬天起床时，能给孩子一块温毛巾敷脸，让他不会马上接触到干冷的空气，并且在出门时戴口罩，不要快速地吸入冷空气，对鼻子也很有帮助。最后，适度的运动也同样重要。

至于药物控制的部分，有五个主要的类型：口服抗组胺药、抗组胺鼻喷剂、去鼻充血剂、类固醇鼻喷剂和顺尔宁。经过许多研究比较后发现，这五种药物还是以类固醇鼻喷剂最有效。

口服抗组胺药

抗组胺药是对付鼻子症状最常被使用的药物。抗组胺药有两种：第一代的短效型抗组胺药（如氯苯那敏），以及第二代的长效型抗组胺药（如西替利嗪）。

第一代短效型抗组胺药，一天要吃三到四次，但是效果好、作用快，缺点就是会头昏脑涨想睡觉，而且可能影响肠胃功能。短期使用没问题，长期使用可能会影响儿童的认知功能及学业表现。第二代长效型抗组胺药，一天只要吃一次或两次，效果温和，除了对打喷嚏没有帮助，对于流鼻水、鼻子痒都有帮助，长期使用的话，相对比第一代副作用少一些。

不管是第一代或第二代抗组胺药，对于鼻塞都没有效果，除非与去鼻充血剂合并使用。

抗组胺鼻喷剂

和口服的效果几乎相同，作用比口服剂快，副作用比较少，缺点是味道很苦，小朋友通常不喜欢。

去鼻充血剂

去鼻充血剂一般含有类麻黄素，可以让鼻塞充血的状况得到缓解。现在已经很少有人单独使用去鼻充血剂了，通常和抗组胺药做成"复方"药物。然而，去鼻充血剂副作用很多，比如说心悸、手抖、坐立不安、失眠等，因此不建议给两岁以下的幼童使用。

类固醇鼻喷剂

类固醇鼻喷剂是治疗过敏性鼻炎最有效的方法。儿科最常使用的两种鼻喷剂：内舒拿（mometasone）及艾敏释（fluticasone），研究显示都不会影响儿童的成长。长期使用类固醇鼻喷剂，对打喷嚏、流鼻涕、鼻塞、揉鼻子、黑眼圈等症状皆有效果，是治疗过敏性鼻炎的最佳选择。

顺尔宁

顺尔宁对于过敏性鼻炎的效果不算太好，但对鼻塞有一点点帮助，而且只针对六岁以上的儿童。

　　长期治疗过敏性鼻炎，除了类固醇鼻喷剂，还有一个选项就是"减敏治疗"。减敏治疗的原理，就是反复地用皮下注射、鼻腔给予或者以舌下吞咽的方式，让身体越来越习惯暴露于尘螨抗原（或其他过敏原）之中，进而产生减敏的效果。

　　经医学研究证实，减敏治疗对于过敏性鼻炎是有效的。然而，不管是皮下减敏还是鼻腔／舌下减敏，治疗时间都非常漫长（三年以上），并且有时候会突然引发过敏反应，因此仍应该在传统的药物治疗皆无法有效控制病情之后，才选择使用。另外，五岁以下的小孩并不建议给予减敏治疗。

　　鼻冲洗盐液对过敏性鼻炎也有"些微的帮助"。至于激光手术，除非您经过传统治疗皆无效，或者鼻中隔有严重弯曲，长了赘瘤，或者有严重感染等特殊状况，才会送去做激光手术或开刀处理。其他民俗疗法，包括针灸等，都证实是没有效果的。坊间流传益生菌对过敏性鼻炎有帮助，但和哮喘病一样，其效用也并未经过医学研究证实，我个人认为没有帮助。如果家庭经济许可，吃一个月看看，没有效果就放弃吧！

异位性皮炎

　　三大过敏症的最后一症，就是异位性皮炎了。异位性皮炎变化多端，非常复杂，绝非三言两语可以解释清楚。我接下来尽量说明，虽不完美，至少让家长对这个疾病有初步了解。

异位性皮炎是什么？

　　🔆 在孩子的手上、脸上有红色痒痒的疹子。

　　🔆 小婴儿的异位性皮炎与大人的异位性皮炎好发的位置不同：小婴儿的疹子常长在脸上、手肘外侧与膝盖，成人则是在手肘内侧、膝盖内侧、后颈部、脚踝。可以参见图 6-2。

　　🔆 如果抓破皮，有时候会分泌一些液体，而且整片皮肤都会变得红红的。

　　🔆 平时的皮肤永远很干燥。

　　🔆 跟所有的过敏体质一样，异位性皮炎也跟遗传有关系，然而并不是绝对相关。家人若有哮喘、过敏性鼻炎，或同样有异位性皮炎，都可能让孩子更容易得到这个体质。

　　🔆 异位性皮炎也与孩子皮肤的免疫系统有关，有金黄色葡萄球菌等细菌寄生在皮肤上，就会导致这一疾病产生。

异位性皮炎发作的原因

　　🦪 皮肤接触到刺激性的物质，比如说某种沐浴乳、衣服的荧光剂、洗衣液等。

　　🦪 吃到某些诱发性食物。

　　🦪 天气变化，干冷的空气，尤其是冬天。

　　🦪 皮肤表皮有细菌入侵。

如何照顾患有异位性皮炎的孩子

　　照顾患有异位性皮炎的孩子有四大法宝：保湿、避免过敏原、止痒抗发炎、抗菌。

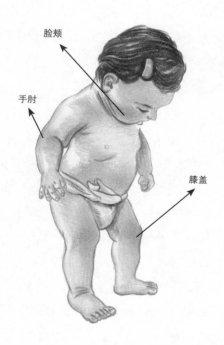

脸颊

手肘

膝盖

图 6-2：异位性皮炎好发的位置

保湿（保养）

🐚 洗澡的水温不可太高，控制在 32℃ 以下。

🐚 洗澡不可以用肥皂、沐浴乳，用清水清洗就可以了，也不要用力搓，会把身体保湿的油脂和表皮都搓掉。

🐚 洗发乳会把头皮的保湿油脂洗掉，最好也避免使用。

🐚 如果较大的孩子玩得全身脏兮兮，可以用沐浴乳重点洗腋下、胯下和脚，其他地方用清水即可。

🐚 泡完澡后要勤劳地给孩子擦保湿乳液。您擦的乳液越油，就越保湿；擦的乳液越清爽，就越不保湿。

🐚 三个名词：膏（Ointment），霜（Cream），乳液（lotion），越靠后者越不油。"霜"在白天使用，不太会黏黏的；"膏"用在晚上，加强保湿效果。

🐚 如果您的孩子正在急性发作，已经在擦类固醇（激素）药膏的话，要先擦类固醇（激素），再擦保湿乳液。

🐚 夏天保湿次数较少，冬天则应更多次。只要肌肤摸起来干燥，就要补上保湿乳液。好的保湿可以减少约 50% 的药物使用，努力加油！

🐚 已经在上学的孩子要随身带无香料的保湿剂，或者放在学校、家教班，让他随时可以保湿。一整罐 200 毫升左右的乳液，应该在一个月内就使用完毕，否则表示擦得不够勤快。

🐚 保湿乳霜用哪一品牌这个问题我不做建议，市面上有名有姓的牌子，标榜过敏专用的，应该都可以。选用无香料的产品，也可以在网络上搜寻其他家长的使用经验，不要看到谁贵就买谁，不见得好。凡士林是最油最腻的物质，却要小心把孩子的毛细孔堵住，注意涂抹后，再用干的毛巾擦一遍，留薄薄一层在肌肤上就可以了。Epaderm 这一品牌的乳膏也是强效保湿的好选择之一。

避免过敏原（保养）

🐚 沐浴乳本身可能就是孩子的过敏源头，即便是号称"过敏儿专用"

的沐浴乳也可能出现失误。任何物质都有可能是致敏物，只能说过敏儿专用的沐浴乳"也许"不太会造成过敏。

🌙 要穿棉质的衣服，而不要穿毛衣、尼龙制品，或其他会摩擦皮肤的质料的衣物。

🌙 除了衣服和沐浴乳，也要避免其他任何可能会致敏的环境或物质：太热、太冷、太干，化学物质、洗洁精、衣服的荧光剂等。新买的衣服要先洗过一次才可以穿。

🌙 如果您怀疑孩子吃了某种食物使异位性皮炎恶化，可以试着在两周内完全不碰那样食物。两周过后，再给孩子吃一次。若皮肤病变在 24 小时内又再度发作，表示您的孩子真的对此食物过敏，不能再吃了。不要轻视这个最简单的评估方式，因为它比任何抽血检查都敏锐！

🌙 奶制品常常是过敏的元凶，却时常被忽略。不要犹豫，停止喝牛奶试试看吧！没有什么奶制品中的营养是不能被取代的。羊奶和牛奶是一样的，它并没有预防过敏的效果，反而可能增加。如果是仍未完全离乳的小孩，豆奶（soy milk）或全水解的奶粉可以是取代一般奶粉的选项。

🌙 避免尘螨与霉菌。方法与哮喘和过敏性鼻炎的照护一样。

止痒、抗发炎药膏（治疗）

🌙 用类固醇（激素）药膏可以改善皮肤瘙痒。

🌙 口服抗组胺在急性期也可以帮助孩子止痒；但长期使用抗组胺，效果会越来越差。

🌙 类固醇（激素）药膏在使用上要注意：当您的孩子已经擦到好了以后（中等强度类固醇），不要马上停药，要继续用更弱的类固醇，一天擦一次，维持几天，才可以停。将来只要您看到孩子身上有开始瘙痒的部位，就要开始用药，不要等到抓烂了才开始使用，为时已晚。

🌙 类固醇（激素）药膏有副作用，大家都知道。但是 90％的病人可以从此药中得到好处，却只有 0.005％的人会产生全身性的副作用。然而滥用类固醇药膏依然不是个好主意，因为会越擦越没效果。其他副作用包括色素沉淀、皮肤萎缩等。

🌙 第二线的药膏有爱宁达（吡美莫司乳膏），是非类固醇（激素）药膏，两岁以上可用。

抗菌（治疗）

🌙 抗生素药膏：若有急性大发作，看起来有金黄色皮屑，可能是合并局部的细菌感染，需要抗生素药膏（如：莫匹罗星软膏 Mupirocin），帮助清除发作部位的金黄色葡萄球菌，严重时甚至需要口服抗生素。

其他有关异位性皮炎的照顾

🌙 配合医生的详细问诊，试着找出可能的诱发因素，比如说刺激物（如肥皂、洗洁精）、皮肤感染、接触的过敏原（如手表）、食物、吸入的物质等，才是治疗异位性皮炎的不二法门。

🌙 婴儿时期喂全母乳，可以预防异位性皮炎，但前提是母亲吃天然的饮食。

🌙 吃母乳的孩子若突然产生皮炎，过敏原可能来自母乳，此时妈妈的饮食要经过检视并调整，以找出致敏的食物（通常是海鲜、乳制品、零食等）。

🌙 六个月以下吃配方奶的婴儿，如果有异位性皮炎，并且保湿霜与轻微类固醇控制不佳的话，可以考虑使用高度水解奶粉 6 ～ 8 周。

🌙 确定因牛奶蛋白过敏的孩子，喂羊奶或部分水解蛋白奶粉，如效果都不好，可以改成喝豆奶或高度水解奶粉。

🌙 大部分患异位性皮炎的孩子并不需要抽血验过敏原，尤其是轻度疾病的孩子。

🌙 多吃蔬果，少吃垃圾食物。先从停掉奶制品开始！

🌙 如果同时擦保湿霜与药膏，请一次擦一种，相隔数分钟后再擦第二种，不要同时混在一起擦。

益生菌是否有效还需要时间证明。我的建议是，吃了有改善就继续吃，若是没效果就停用吧！

睡前吃一颗 3 毫克的褪黑素，可有效减少半夜瘙痒。

黄医生聊聊天

预防过敏的重点还有一个，就是不要延迟添加辅食。许多研究都显示，太晚吃辅食的孩子，或者延迟接触鱼、鸡蛋等食物的孩子，反而会增加过敏与哮喘的概率。理由很简单，九个月前是免疫训练的黄金时期，错过了这段时间，身体就比较容易对食物有过敏反应。所以四个月之后，就可以少量多样化地给宝宝吃各种天然的食物，以打造良好的免疫体质。

第七章

黄医生的教养
秘诀

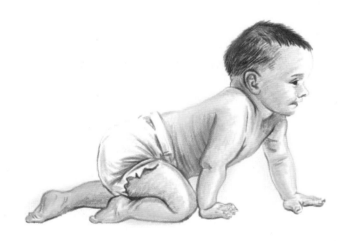

黄瑽宁医生的育儿理念：学习正确
的育儿知识，是通往教养自信的唯一道
路。

预防婴幼儿事故伤害

在国内，事故伤害位居儿童（14岁以下）十大死因的榜首。妈妈千辛万苦地怀胎十月，将孩子哺喂长大，若因为事故伤害而使孩子受伤甚至死亡，是多么令人悲伤与不舍的事！因此，我们更应该对预防婴幼儿事故伤害有深入的认知。

以前我们常常以"儿童意外事件"来称呼因为外来伤害造成儿童受创的事件，然而，这是一个错误的命名。"意外"，意思是意料之外，是没办法预防的，老天爷注定发生的，但事实常常不是如此。现在我们称这类事件为"儿童事故伤害"，意思是说，在大部分（70％）的状况下，灾难都是可以预防的，只要花一点心思，做好准备，孩子就能在安全的环境中长大。

婴幼儿事故伤害的发生，最主要的原因是父母不知道孩子的发育程度。孩子本能地学习，本能地踢腿，本能地翻身，常常出乎家长的意料之外。每个新的发展里程碑总有第一次：第一次翻身，第一次用手抓东西，第一次扶着墙壁站起来等。而这些第一次的动作，如果事先没有安全的防护，下一步可能就是跌落、烫伤、摔倒等伤害的发生。

美国儿科学会有一个项目，叫作"The Injury Prevention Program"，巨

细靡遗地将不同年龄层的孩子可能会遇到什么样的事故伤害，以及如何预防的方法，都详述在其中。我将里面很重要的几点整理如下：

居家防护

🐚 婴儿床栏永远要拉起来。不要以为宝宝还不会翻身就很安全，凡事总有第一次。养成拉起床栏的习惯，即便只离开一分钟，也要拉起来。

🐚 婴幼儿身边不可以有塑料袋或是气球等物品，这些塑料制品很有可能会让您的孩子窒息。

🐚 不可让婴儿趴睡，床垫不可太软，也不可将孩子放在水床或者懒人椅上。这些危险动作都是造成婴儿窒息的杀手。

🐚 不要在婴幼儿身上挂项链，或者是以颈圈的方式挂奶嘴在婴儿身上。这些细绳或者链子，若是不巧钩到了固定的物品，很有可能会勒住脖子而导致死亡。

🐚 绝对不要让您的孩子身边有直径三厘米以下的小物品，包括太硬的食物。

🐚 窗户旁边绝不可放高位的沙发、婴儿床、桌椅等，让婴儿有机会爬过窗户，造成坠楼的危险。二楼以上的窗户都应加装铁窗，铁窗间隙必须小于十厘米。

🐚 禁止用学步车（螃蟹车）。学步车的危险是会跌倒，还有因不正确的攀爬造成的危险。

🐚 硬的家具与桌脚皆应用软海绵贴起来，或者移除这类家具。

🐚 每年都要检测燃气灶与燃气热水器，预防漏气造成一氧化碳中毒。

🐚 家中有尖锐物品都应该收在抽屉里锁起来。

🐚 家中若有跃层或独栋楼房的楼梯，都应该设置防护门，避免幼儿滚落。

🐚 若有常拜访的亲戚或保姆的家，也要主动观察，确认上述事项都符合安全标准，否则宁可拒绝造访。

重点整理

仰睡能降低宝宝猝死概率

在此，我要花一点篇幅来探讨趴睡这件事。最近某些育儿书鼓励趴睡，这件事令我十分担忧。事实上，趴睡是西方的传统，而东方婴儿本来都是以仰睡为主。1992 年，当美国儿科学会强力推行婴儿仰睡运动时，许多美国老一辈的医生都反对这项改变，认为这违反了婴儿的天性。但他们不知道，当时的东方国家，仰睡才是婴儿主流的睡姿。事实证明，从 1992 年推行仰睡运动之后，美国婴儿猝死的数字从每年约五千人迅速下降为每年三千人，下降幅度高达 40%。同样的结果在新西兰、澳大利亚、英国等国家，也都被证实，如图 7-1。

婴儿趴睡或仰睡，其实是习惯动作。有些宝宝喜欢仰睡，有些宝宝喜欢趴睡，有些两者皆可。折中的方法是，如果您的宝宝是喜欢趴睡的，那么等他睡着以后，再将他翻过来；或者可以使用婴儿包巾捆住他，让婴儿更有安全感，也让您帮他翻身时比较容易。

宝宝的安全应该是放在一切其他顾虑之前的，而不是担心头型好不好

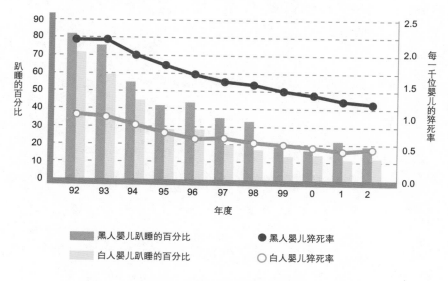

图 7-1　研究显示，仰睡能大幅降低宝宝的猝死概率

看等旁枝末节。仰睡时其实也可以帮宝宝的头左右轮流摆放，就不会让后脑勺越来越扁。另外，纯趴睡的孩子将来牙床也会比较窄，正好反映了为什么以前美国孩子的牙齿几乎都需要矫正的理由之一。

此外，安装婴儿监视器已经证明是一种无效的做法，并不能减少婴儿猝死的概率。

预防烧烫伤

家中成员皆应避免抽烟。抽烟坏处多，对婴幼儿尤其不好，除了可能会有火灾、烧伤等危机，也会增加婴儿猝死的概率。

火柴与打火机都应该锁在抽屉里。

每一个家中都应该有灭火器与烟雾警报器。

重要：当您抱着孩子时，另一只手不可以拿热咖啡、热茶、热汤等。小孩无预警的踢腿或翻身就会让他烫伤！

所有会发热的东西都不可以让孩子接触到，比如说暖气、热水炉、煤气炉等。可以用实际的东西阻挡，摆在孩子触碰不到之处，或者责罚之（我不反对在进行这种重要保命的教育时给予幼童警示性的体罚）。

家中若有热锅热炉上桌，请将把手转向面对墙壁的方位。不要让孩子有机会从桌子的侧面碰触到把手，将整锅东西拉下桌子翻倒。电磁炉或电饭锅端上桌时，也要记得拔掉并收拾电线与延长线。

洗澡水的温度不可太高。注意：接触60℃以上的水温超过六分钟，就可能让您的孩子产生三度灼伤。若热水炉可以设定上限温度，最好设定在50℃以下，以保安全。

溺水预防

绝对、绝对不要单独让孩子在浴缸、水桶、马桶、泳池、鱼塘、钓虾场等场所旁边玩耍。请注意：仅仅五厘米高的水位，就有可能会让幼儿溺水。

汽车安全

🐚 上车一定要使用汽车安全座椅。

🐚 绝对不要让孩子单独坐在车上。

自行车安全

一岁以下的孩子不可以坐自行车的儿童座椅。他们的颈部还未发育健全，快速甩动可能会伤及头部。

误食药物

🐚 所有的药物、清洁用品、维生素等，都应该锁在高处的柜子里，不让孩子吃到。

🐚 不要用饮料罐装非饮料的物品。

🐚 将过期的药物清理掉。

🐚 药瓶最好要有儿童安全阀。

🐚 如果不幸误食了药物，就医时请将药瓶带至医院，医生才知道孩子吃了什么药。

触电预防

🐚 在浴室里不要让孩子触碰到插着电的东西，比如说吹风机。

🐚 所有的电线如果有橡皮剥落，赶快换新的。小孩有时候会去咬，造成口腔电灼伤。如果做得到，就将固定使用的电线包埋起来。

玩具安全

每天检查孩子的玩具是否完整，及时处理即将脱落的部分，以免误食。

如果上述每一项您都做到了，那么恭喜您！在您周详的照顾下，孩子将可以在一个安全的环境中快乐长大！

汽车安全座椅

在美国，每年约有 700 名五岁以下的小孩因为车祸死亡，6 万名儿童因车祸而受伤。这些数字触目惊心，而使用汽车安全座椅可以减低 80％的死亡率。

很多家长以为，坐车时只要把小孩抱紧就可以，反正只是几分钟车程，不过是出去买个东西罢了。您错了！车子的时速只要区区 50 千米，发生车祸时就可能让孩子的头撞上仪表板、挡风玻璃，造成头骨受伤，甚至飞出窗外。使用汽车安全座椅，也可以减少孩子晕车的感觉，减少哭闹，避免影响驾驶情绪。

目前市面上有三种汽车安全座椅：

🔹 平躺式婴儿安全座椅：这种适用于 9 公斤以下的宝宝。

🔹 双向幼儿安全座椅：可以调整为面向后或面向前的安全座椅。

🔹 成长型（或称为"成长辅助型"）儿童安全座椅：面向前的安全座椅，并使用汽车本身的安全带。

选择的方式如下：

🔹 您的孩子在 9 公斤以下：使用平躺式婴儿安全座椅。

您的孩子在 9 公斤以上，1 岁以下：使用双向幼儿安全座椅，并调整为面朝后。

您的孩子在 9 ～ 18 公斤，1 岁以上：使用双向幼儿安全座椅，并调整为面朝前（维持朝后更安全，但就怕孩子不肯）。

您的孩子在 18 公斤以上，或 100 厘米以上：使用成长型儿童安全座椅。这种椅子可以让您的孩子使用汽车本身的安全带，来弥补他身高不足的缺点。

您的孩子在 27 公斤以上：若孩子可以正确地把肩安全带适当地跨过肩膀（通常身高要 120 厘米以上），大腿安全带适当地横跨大腿，则可以不再需要汽车安全座椅，直接使用汽车安全带。

图 7-2：正确的坐姿　　　图 7-3：不正确的坐姿之一　图 7-4：不正确的坐姿之二
　　　　　　　　　　　　肩带绕在脖子上，表示您的　肩带在两侧腋下，或者直接
　　　　　　　　　　　　孩子还需要安全座椅。　　　放在背后——不合格。

放置安全座椅时，尽量将椅子放在汽车的后座而不是前座，这样比较安全。尤其当您的前座有安全气囊时，孩子会因弹出的气囊窒息而死。

很多家长面临的问题是：孩子根本不愿意乖乖地坐在椅子上，或者不配合您的指示，怎么办呢？这里有几个建议：

🌰 以身作则。您若是没有系安全带的习惯，您的孩子便会有样学样。

🌰 当孩子配合使用安全座椅时，给他鼓励。

🌰 给孩子一些玩具，以免他无聊就开始闹脾气。

🌰 若孩子挣脱椅子，或者大吵大闹，先将车子停下来，表示不乖乖听话车子就不会启动。切勿边开车边暴怒，或者任凭其不守规矩脱逃。

🌰 买好一点的椅子，让孩子舒服一点。

🌰 长途旅行时，偶尔要让孩子下车休息奔跑，吃点点心。

幼儿看电视
害处多

近年，美国儿科医学界持续呼吁成人不要让未满两岁的孩子看电视、手机、平板电脑，但似乎只在父母心中起了小小涟漪，现在仍然有近 90% 的美国孩子两岁之前每天看电视、手机、平板电脑 1 ～ 2 小时，国内的现状也差不多。近日澳大利亚政府释出将制定法律限制两岁以下孩子看电视的信息，虽然尚未定案，各方阻力也是重重，但我仍然十分敬佩澳大利亚政府对国家幼苗的重视。

为了简化叙述，我把电视、手机与平板电脑，在本文都简称为"电视"，以泛指各种通过屏幕播放的卡通或者儿童节目。

2009 年澳大利亚政府委托墨尔本皇家儿童医院制作了《活力成长》（Get Up and Grow）手册，这是一本巨细靡遗的育儿指引，其中有关看电视的问题只是诸多内容当中的一小部分。手册中提出禁止幼儿看电视的原因，包括可能减少他们从事游戏、社交接触与发展语言能力的机会，定焦于平面屏幕会影响视力发育，以及引起注意力减退。

在先进国家，看电视成了孩子除睡觉以外花费时间最多的活动。事实上，美国儿科学会早已建议（没有禁止，只是建议）两岁以下孩子不要看电视，两岁以上的孩子每天不得超过两小时，而且只看优质儿童节目。不同的是，澳大利亚政府因为使用"禁止"这一字眼，引来较多的关注。

为何专家学者苦口婆心地劝导父母别让幼儿看电视，却起不了作用？实在是现代父母太过忙碌，为了得到喘息的时间，只好将孩子交给屏幕"保姆"。也有些父母抱怨，空气污染严重、社会事件频发，家长还能带孩子去哪里？借此合理化幼童看卡通影片的行为。更有父母认为自己也是看电视长大的，也没有变笨。父母的这些想法，反映了现代社会的问题与照顾者的无能为力，虽然情有可原，但以看电视来解决教养问题，只会造成恶性循环。当孩子从不当的卡通影片节目中养成暴力、攻击行为，再想管教孩子就事倍功半了。

看电视对幼儿的影响到底是什么？我们可以从三个方面来分析：

影像本身的影响

声光刺激：各种屏幕的闪烁光影、变换画面、快速剪接等声光效果，对幼儿正在发育的大脑不利。

影响视力发育：婴幼儿时期视力还未发育良好（六岁才有正常人的视力），他们需要东看西看，获得全视野的发展，而看电视、手机会让幼童的视线集中在一个框框内，影响视力的正常发育。

节目内容的影响

语言发展迟缓：有些父母认为孩子可以跟着电视学语言，但是孩子从生活环境里学语言会更快。电视是单向的"听"，无法取代人与人之间的交谈和互动，反而可能会造成语言发展迟缓。

无法专注：当孩子适应了电视的过度刺激，现实生活中的刺激就显得平淡，也就引不起兴趣投入。根据研究，三岁以下的孩子电视看得越多，到七岁时，出现注意力不集中、焦躁不安、冲动的概率越大。值得注意的是，即使孩子在其他房间玩游戏，电视的背景声音也会影响孩子玩游戏的专注力，增加冲动行为的概率。

认知或阅读障碍：虽然有实验证明有些儿童教育节目对三岁以上的孩子是有帮助的，但对于三岁以下的孩子效果却恰恰相反。研究显示，三岁以下的孩子每天看电视的时间越长，他们的阅读能力和理解力也越差。看到一串数字，能够记住的长度也不如同龄孩子，这些能力的下降都会影响日后的学习和成就。

价值观扭曲：卡通中的暴力行为，可能会让孩子模仿；充满商业行为的广告，也会诱惑孩子消费，扭曲孩子的价值观。

电视造成的间接影响

亲子关系疏离：幼儿花费过多时间看电视，会大幅减少与家人的言语互动。根据研究显示，打开电视，会让家庭减少80％以上的语言沟通。虽然有些父母会陪孩子一起看电视，但看电视的父母多数是为了休息，而很少和孩子互动、学习，处于"人在心不在"的状态，不但无法促进孩子的身心成长，反而会错过孩子重要的发展阶段，浪费宝贵的亲子时光。

运动不足：全世界的肥胖儿都在增加，电视与垃圾食物难辞其咎。长期看电视的孩子运动不足，容易肥胖，也容易养成懒散、被动的习性。研究证明，肥胖儿中除了10％是疾病引起，10％是家庭遗传，剩下的80％肥胖儿皆属单纯性肥胖，其中的一个共同特点就是爱看电视。

剥夺其他活动的时间：婴幼儿阶段是脑功能发育阶段，需要均衡的脑部刺激，才能衍生更多的脑神经回路与联结，如果长时间看电视，相对地就减少了玩沙、溜滑梯、过家家、玩黏土、画图等活动的时间，而这些活动对孩子的全面性发展很重要。

有些父母会想提供教学光盘让孩子观看，是误以为这些影片对孩子的大脑发展有益。然而根据研究，两岁以下的孩子，不论观看哪种教学光盘，皆无法使孩子更聪明，反而增加上述所提及的不良影响。多数研究还是建议，幼儿三岁以上才可以看电视，伤害较小，但仍需注意每天应以一小时为限。

尿床

　　您的孩子已经上学了还会尿床吗？这里介绍一下尿床这个令人困扰的问题。

　　事实上，尿床并不是一个少见的毛病。三岁的孩子仍有 40％会尿床，六岁时仍有 10％，而十二岁时还有 3％的少年偶尔会尿床呢！但是我们定义上还是以六岁为分界：六岁以下尿床算正常，六岁以上才需要矫正。

　　小孩子的膀胱相对比较小，常常无法留滞住一整晚制造的尿液。另外，孩子因为睡眠比较熟，所以当膀胱已经满载的时候，神经中枢依然无法被叫醒。此外，在一种"抗利尿激素"的分泌上，孩子发育得也不太成熟，夜晚中枢本来应该分泌抗利尿激素多一些，在孩子身上并没有发生，所以尿液的制造并没有减少。在这三重因素的作用之下，尿床是一个必然的结果。

尿床是正常生理现象，却可能造成心理压力

　　为什么要在孩子六岁前把尿床的问题解决？主要是避免造成心理方面的消极影响。六岁后的孩子已经要上小学，甚至有机会参加夏令营等团体活动。如果因为尿床这件事影响到孩子的人格发展，那就不单单只是膀胱的问题了。此外，尿床也会让家长因为换床单等相关事务责骂孩子，或发生争执，导致心理的伤害与相处的不悦。因此，在此提供几个建议性的处理

方式，给大家参考：

🔸 每天在孩子就寝前，贴心地提醒孩子半夜如果想尿尿，要爬起来去厕所。不要小看这个看似啰唆的小叮咛，它是除了药物控制以外最有效的方法。

🔸 把厕所的灯打开。如果厕所离孩子很远，可以放个夜壶在孩子的房间里，并且开个小灯。

🔸 鼓励孩子白天多喝水，睡前两小时不准喝水。

🔸 睡前要先解尿，把膀胱尿干净。

🔸 勇敢地把尿布丢掉。虽然用了尿布后，早上清理会比较方便，但是孩子知道自己穿着尿布（或如厕训练尿裤），会降低他半夜起来尿尿的意愿（有点有恃无恐的意思）。除非要去夏令营，或是到别人家过夜，否则尽量不要使用这些东西。

🔸 当然，尿布丢掉以后，床单下就要有某种防水保护的措施，免得您家的床垫闻起来臭臭的。比如说，在床垫外铺一层不透水的塑料垫。

🔸 如果孩子尿床了，要求他早上和您一起清理床单。较大的孩子可以要求他自己换、自己洗、自己晾或烘干这些床单，并且出门前冲个澡以免身上有尿臊味。教孩子为自己的尿床负责是很好的行为矫正方法，但是千万不要给予羞辱性的谩骂，这样会适得其反。

🔸 早上如果看到孩子没有尿床，大力地给予赞许。可以在月历上贴小贴纸来赞许孩子的好表现。

🔸 不要惩罚或责骂孩子，更不允许其他的兄弟姐妹拿这件事来取笑尿床的孩子。通常孩子在早上发现自己尿床后是又羞愧又自责的，他也不是故意要如此。因此，让您的孩子在家能得到最大的接纳，就从陪伴他渡过尿床难关开始。

对六岁以上孩子的建议

六岁以上的孩子已经可以沟通，而且也能够认识到应快点处理好尿床问题的急迫性。因此，除了上述要点，还有一些加强版的建议：

　　教导孩子要"自己处理"尿床的问题。很多孩子觉得尿床是妈妈要解决的问题，这样孩子永远长不大。尽量让孩子了解到，半夜应该自己爬起来，自己找厕所，自己尿尿，不可以依赖大人。

　　白天重复训练"夜尿三部曲"。请孩子假装演练这三个步骤：①半夜一感觉到好像漏尿了，赶紧把括约肌缩起来；②快快冲到厕所，把剩下的小便尿干净；③换上干的睡衣，并且在尿湿的床垫上铺上干的大毛巾（当然，干毛巾与干睡衣要事先准备好放在旁边），再继续睡觉。别忘了，早上起床还是要让他自己清洗床单。如果孩子能够完成"夜尿三部曲"，表示他已经渐渐可以控制夜尿了。

　　冥想练习。趁孩子想尿尿的时候，请他先去躺在床上，关灯闭上眼睛，想象"现在是半夜，我真的很想尿尿"。躺几分钟，感受一下半夜膀胱胀尿的感觉，然后赶快爬起来，去厕所解干净。每天反复玩这个冥想游戏，有助于增强半夜的行动力。

　　还有一招，也是家长最累的一招，就是半夜把孩子叫起来尿尿。通常要先知道孩子大概几点的时候会尿床，一般是两三点左右。比如说，孩子两点会尿床，就在一点多的时候把他轻轻摇醒，让他自己去厕所尿尿，再回去睡觉。至于用闹钟取代亲自叫醒孩子，常常效果很差，通常最后是父母邻居全都吵醒了，孩子还在睡。不过这一招实在太累了，非长远之计。

　　药物控制。是的，没错，尿床有药物可以治疗。那前面说那么多干吗呢？睡前吃一颗抗利尿激素药物，可以成功减少半夜的小便制造量。然而因为有些孩子其实身体已经准备好了，只是心理上还在依赖尿布，所以我会先借由上述的训练来纠正，若是真的失败了，再来使用药物控制。尤其是要去别人家过夜的时候，特别需要开药物避免尴尬。

　　借由以上的方法，大部分六岁以上的孩子可以在三个月内得到改善。但是有下列状况的时候请小心，您的孩子可能不是一般的尿床，要赶快就医。

送医的时机

    🐚 尿尿会痛。

    🐚 小便的力量很微弱。

    🐚 白天也会尿裤子。

    🐚 一直喝水，永远觉得很渴，尿又多。

    🐚 新发生的尿床事件。这非常重要，若是您的孩子已经多年没有尿床，突然又尿床，这一定不是单纯的尿床问题！

    🐚 超过十二岁还在尿床。

正
确
地
洗
手

　　不管是对付流感病毒、肠病毒，还是各式各样的细菌感染，有一个方法是绝对不可少的，那就是"勤洗手"。

　　洗手的重要性，相信每个人都很清楚，但是如何正确地洗手，很多人却不知道。洗手方法如果不正确，细菌、病毒都死不了，岂不是白白浪费时间？所以平常演讲的时候，我不只劝大家勤洗手，还要教大家如何"正确地洗手"。

　　现在，很多小朋友对洗手的五个步骤都可以朗朗上口，那就是"湿、搓、冲、捧、擦"：

　　　湿：在水龙头下把手淋湿，手腕、手掌和手指均要充分淋湿。

　　　搓：双手擦上肥皂，搓洗双手最少20秒。

　　　冲：用清水将双手彻底冲洗干净。

　　　捧：因为洗手前开水龙头时，手实际上已经污染了水龙头，故捧水将水龙头冲洗干净，或者用擦手纸包着水龙头，再关闭水龙头，让手不要直接碰触到水龙头。

　　　擦：用擦手纸将双手擦干。

在这五个步骤当中，最重要的就是"搓"。"搓"这个动作，不只是把看得见的脏污搓掉，也同时把看不见的细菌、病毒搓掉，实现清洁双手的最终目的。而且对付某些病毒（比如说流感病毒），单纯用干洗手（用75%浓度的酒精洗手）就可以杀死，干洗手的步骤也只有一个：搓。

然而，我们在搓手的时候，如果不加以提醒，一定会有很多死角没有搓到，比如说大拇指、指甲缝等。所以我们要使用第二个口诀："内外夹弓大立完"，分别代表了"手心（内）、手背（外）、指缝（夹）、指背（弓）、大拇指（大）、指甲与指腹（立），完成（完）"，才能将手上每一个部位都搓洗干净。而为了带孩子玩游戏，我自己也发明了一招"洗手拳"，同样融入了这六个搓手的动作。拳法分上下左右（参见图7-5），分别是：

上：一柱擎天

下：欲盖弥彰

左：打躬作揖

右：力拔山河

"一柱擎天"的时候，双手合十，搓揉两个部位：掌心与指缝。掌心相互摩擦，然后手指彼此交错，摩擦指间的缝隙。

"欲盖弥彰"的时候，右手的手心摩擦左手的手背，然后换手做同样动作。

"打躬作揖"的时候，左手抱拳，右手掌心摩擦左手指的指背，然后记得用左手指甲在掌心上抠十下，完成指尖的清洁，然后换手做同样动作。

"力拔山河"的时候，右手比出"一级棒"的手势，左手握住右手拇指，像骑摩托车踩油门般地快速转动，然后换手做同样动作。

当您的脑袋里默默复述这四个口诀时，洗手的"搓"这个步骤也就非常完美了！如果要教导儿童这四个口诀时，可以改成比较有趣的句子，比如说"一柱擎天"可以改成"我是公鸡"，"欲盖弥彰"可以改成"猩猩拍手"等。

最后关于正确的洗手还有一些提醒：

🌑 去除手部首饰。如果手上戴了戒指，会使局部形成一个藏污纳垢的特区，难以完全洗净。

🌑 使用肥皂，效果比单独用水洗要好得多。

　　🌑 最好使用擦手纸，而不要使用毛巾，因为毛巾容易潜藏病菌，使洗净的双手又沾染病菌。擦手纸使用完暂勿丢弃，可用来关闭水龙头或开门，避免刚洗净的手又碰触公共物品表面而沾染细菌或病毒。

　　🌑 指甲最好不要留长，以免藏污纳垢。

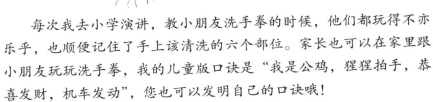

黄医生聊聊天

　　每次我去小学演讲，教小朋友洗手拳的时候，他们都玩得不亦乐乎，也顺便记住了手上该清洗的六个部位。家长也可以在家里跟小朋友玩玩洗手拳，我的儿童版口诀是"我是公鸡，猩猩拍手，恭喜发财，机车发动"，您也可以发明自己的口诀哦！

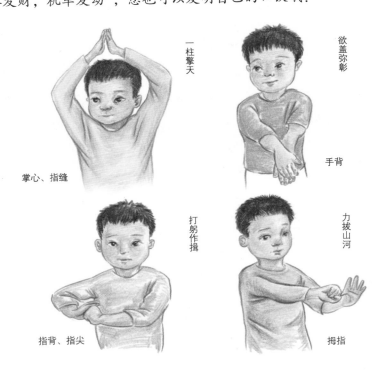

图 7-5：黄医生发明的洗手拳

增强免疫力的省钱妙招

已经碰到非常多的家长问我："要怎么增强孩子的免疫力？"这真是个大学问。

如果上互联网搜寻"增强免疫力"这个关键词，您可能会得到各种不同的建议，比如说服用益生菌、维生素、人参、绿藻等补品。这些补品通常不便宜，买起来经济负担又重，究竟有没有效果，家长也看不出个所以然来。难道增强孩子的免疫力，一定要花大钱吗？别担心，这里让我传授各位几个增强孩子免疫力的省钱妙招！

喝母乳

母乳里富含各式各样增进免疫力的因子，免费又方便，绝对是增进免疫力的最佳省钱妙招！

接种疫苗

接种疫苗绝对是最有效也是最简单的产生某些特殊免疫抗体的方法。虽然自费疫苗价格不菲，但光是免费的疫苗，就已经足够让孩子得到很多保护。

吃糙米与全麦面包

没钱买益生菌？没关系，我们多吃益生质，给我们自己肠道内的好菌天天吃补！坊间有贩卖果寡糖等人工的益生质补品的，其实我们不需要花大钱也可以得到。糙米、全麦面包，都是很好的天然益生质，天天吃，不需花大笔银子买补品！

吃深绿色蔬果，还有鱼

花椰菜、菠菜、胡萝卜等各种深绿色或深黄色的蔬果，富含各种植化素，可以提升免疫力。而鱼类是优质不饱和脂肪的来源，更是优质蛋白质的来源，只要一周吃三次，不但免疫力可以提升，还可以强化骨质。

天天出去晒太阳、运动

近年来维生素 D 的话题非常热门，因为免疫学家发现维生素 D 不只可以强化钙质，还可以提升免疫功能。其实只要我们的皮肤接受到阳光照射，就会活化维生素 D，这更是一毛钱都不用花的免疫增强法。每天都带孩子出去晒晒太阳，保证少生病多健康！

不要太早让孩子上学

孩子的免疫力还不足的时候，就把他放在病毒肆虐的团体当中，等于是把一只绵羊丢进狼群里让他自生自灭。我建议至少三岁以后再让孩子上学，如此一来就算是生病了，身体也比较有能力来对付这些病菌。

不要相信广告的夸大效果

省钱妙招最重要的就是不要再花钱买夸大效果的补品。通常这些补品都会走比较宽松的食品审查路线，然后将某些实验室的研究夸大成对人体也有效果。这世界上有非常多的物质在实验室里都可以增强免疫力，但是吃到人体里就是行不通。尤其说到剂量，实验室里的细胞那么小，人体细胞数目却是这么庞大，也许这个物质对人体有效的剂量是"一桶"，但是厂商卖给你的却是"一颗"，只是杯水车薪。

让孩子拥有愉快的心情

我所服务的医院，在给病人的药袋上写着一句安慰的话："喜乐的心，乃是良药。"这绝对不只是精神喊话而已，许多医学证据都显示，愉快的心情可以造就强大的免疫力。而孩子的幸福感来源，决定于家庭的气氛、父母的和谐，以及安全感的建立。所以，如果要孩子不生病，很简单：请爸爸妈妈彼此相爱，不要大吼大叫，即便有意见不合，也要在孩子面前理性、温柔地解决。只要这样做，孩子就会感觉到幸福得不得了呢！

乳腺炎与乳腺脓肿

很多妈妈在喂母乳期间患上乳腺炎，而且约 10% 的乳腺炎，会进一步恶化成乳腺脓肿。这个悲剧起始于细菌从乳头入侵，一路沿着乳腺往上跑，最后造成化脓性的感染，最常见的罪魁祸首是金黄色葡萄球菌（S.aureus）。

如果妈妈们在哺乳过程中发现乳房有局部硬块，但没有发烧，那么应该是单纯乳腺管阻塞，还没有到化脓的程度。但如果有发烧症状，并且发现乳房某个部分红肿热痛，可能就要怀疑细菌已经入侵了。一旦恶化成乳腺脓肿，有时候可以摸到硬硬痛痛的肿块，但如果化脓的位置太深，也有可能摸不到，必须借由乳房超声波才能看到确切化脓的位置。

初期乳腺炎，在还没有化脓之前，用抗生素治疗 14 天，并且吃止痛药止痛，大多可以自然痊愈，不至于恶化成脓肿。如果已经恶化到乳腺脓肿，医生会先用针筒抽脓，然后让妈妈口服抗生素。一次抽脓可能不够，平均要经过四次的抽脓，才会痊愈。如果反复地化脓，或者脓肿实在太大，可能最后只能选择手术引流，而且伤口愈合后会留下疤痕，所以尽早就医非常重要。

要如何预防乳腺炎与乳腺脓肿呢？原则上是要避免胸罩太小，导致钢丝压迫乳腺，以及矫正婴儿吸吮姿势，防止乳头上有伤口等。很特别的是，乳腺炎也常发生在特别焦虑的母亲身上，所以放轻松很重要，多补充水分，常常休息，接受老公的舒压按摩——按摩肩颈背部肌肉，不是按摩乳房（会很痛的）。

最重要的是，不管是得了乳腺炎，还是乳腺脓肿，都应该继续喂母乳。事实上，要预防乳腺炎，最好的方法就是尽量给宝宝吸吮，因为乳汁郁积，反而会让病情恶化。可以先尝试从没有感染的一侧乳房开始喂食，等到奶水开始有喷乳反应时，再换到阻塞或感染的那一侧乳房，奶水会比较容易被吸出来。有些妈妈会担心细菌跑到宝宝身上，或者抗生素跑到宝宝身上，其实这些担忧都不会发生，就请放心地哺乳吧！

零食文化

　　"过新年，大团圆，橘子红包压岁钱，吃了糖果嘴甜甜！"这是我家中的儿童图画书里的吉祥话，念起来是不是挺有韵味的？但我却对最后一句话很有意见！唉，我知道讲有关零食的话题犹如蜀犬吠日，但又不得不多"吠"几声，看能不能唤醒大家对去除零食文化的重视。

　　在我的门诊，十位家长有九位知道零食或饮料对孩子的健康不好，但对其造成的伤害的了解程度却仅止于"蛀牙""影响食欲""肥胖"等，实在是低估了零食对孩童造成的影响程度。

　　一般零食、糖果或饮料的成分当中，最吸引人的三个成分就是糖、色素和人工甘味剂。糖提供了甜味，色素提供了五彩缤纷的视觉享受，而人工甘味剂则赋予了香味，造就了"色香味俱全"的舌间享受。我想应该还没有人天真地以为，这些零食都是用天然的水果加工制成的吧？别开玩笑了！

　　"吃了糖果嘴甜甜"，所以当血糖上升的时候，也许对孩子会有些许镇定安眠的效果，这也是许多家长使用零食的原因——把孩子的嘴巴塞住，让他们安静一下。但这些蔗糖果糖吸收快，下降得也快，所以不久之后血糖开始偏低，孩子反而会出现躁动、注意力不集中等问题。因此，吃零食常常变成一种恶性循环，血糖低的时候没有正餐可吃，只好拿出零食解饥，吃完不久血糖高起来，却刚好碰上正餐时间，反而吃不下，就这样周而复始。因此，常吃零食的孩子时常处于昏昏沉沉，或者学习能力不佳的状态。

吃糖也许还好，如果时机抓得对，比如说饭后来点甜食，借由肚子里的蔬菜或五谷类食物缓冲，血糖的吸收不会这么剧烈，尚可接受。但大家却忽略了一个事实：所有的糖果饮料，都是彩色的，也就是说全部添加了人工色素。

为什么要添加色素呢？我想别说小孩了，大人买饮料也是喜欢颜色鲜艳的包装不是吗？为了吸引儿童的注意，红黄绿蓝等色素绝对是糖果、饼干的必备成分。然而根据 2007 年英国学者马肯（McCann D.）教授所发表的一篇研究文章，食品添加剂会引起儿童的多动及注意力不集中，凶手包括黄色 4 号、5 号及红色 6 号、40 号等。嘿，慢着！这些不就是孩子最喜欢的"苹果口味"以及"橘子口味"零食吗？

除了多动症，还有过敏的问题呢！很多家长抱怨自己的孩子咳嗽不容易好、气喘控制不佳、异位性皮炎老是不会好、常常患慢性荨麻疹等，当我详细询问之后，发现这些孩子因为怕过敏而不敢吃蛋，不敢吃海鲜，反倒是零食吃得不少！搞半天医生家长都弄错方向了，原来这些零食才是让他们的过敏症状始终无法得到控制的元凶！

零食当中会引起过敏的物质非常多，包括黄色色素、红色色素、防腐剂（苯甲酸盐）、抗氧化剂、保存剂、人工甘味剂……族繁不及备载。相信我，您绝对不可能买到不含上述任何一样物质的零食或饮料，除非是自己做的。这些物质所造成的过敏反应，不是到医院抽个血、验个过敏原就可以知道的。它们大部分不是蛋白质而是化学物质，融入身体之后会引导免疫系统逐渐高敏感化，让身体一直处于容易过敏、蓄势待发的状态。这绝对是有些患儿的过敏会好，有些患儿却老是不会好的关键所在。

家长还有一些另类的迷思，比如说看到"天然""有机""含维生素 C"

之类的字眼，就会被洗脑式地愚弄，以为这样的零食没那么糟糕。拜托，醒醒吧各位！它们如果那么天然、那么有机，为什么放久了也不会腐坏，颜色也永远如此鲜艳，不像我自己削的水果会氧化变色？最天然、最有机、最富含维生素 C 的，就是削一个苹果，或吃一颗圣女果，这应该不会太困难。

零食饮料是这么糟糕，但更糟的是大家却容许这些东西存在于我们的生活中，尤其存在于学习、健康方式养成最重要的儿童阶段！想起来真令人沮丧与愤怒。

有一次，我到某儿童机构分享有关过敏的话题，讲到这段零食对过敏的危害的内容，我试探性地询问老师们使用糖果来奖赏好孩子表现的比例，发现现场八成的老师都害羞地傻笑，真是令人发窘的局面。别说儿童团体了，看看我自己的医院，圣诞节时圣诞老公公发什么？糖果。过年发什么？糖果！气得我把一整盒诊室的零食通通扔到垃圾桶里。但是还没完，孩子上音乐课，领什么奖品？棒棒糖。上体操课，点心是什么？洋芋片。怎么回事啊，各位？大家不是都知道零食对身体不好吗？为什么快乐的场合总是存在这些东西呢？

绝对不是危言耸听，这种"明知道这东西不好，却拿来当奖品"的行为，正是幼儿学习到错误价值观的第一步。拿坏东西犒赏孩子，不但让父母的教养出现漏洞，也进一步引导孩子未来偷尝喝酒、抽烟、飙车、吸毒、开派对等放纵的欲望之果。当长辈朋友拿糖果给您的孩子时，因为不好意思拒绝，跟孩子说"吃一颗就好，不可以再吃"，对孩子而言，意思就是"原来爸妈告诉我的规矩，是随情境可以不算数的"。请问将来还有什么规矩是不能打破的？

不要再强词夺理地说小时候不吃零食，长大以后会疯狂沉迷之类的借口，这样的说法不但没有研究根据，只会暴露自己对孩子的教养无能为力。家有家规，如何让孩子在这么险恶的环境中生存，保有自己的健康与父母的威信，是每个家庭必须面对的课题。教导孩子委婉地拒绝零食，或者请他们道谢收下之后，交给父母丢弃，或者亲自和老师表明不愿意接受糖果饼干当作奖品，更积极者可以提供好吃的水果或自制果冻当作替代品，都是对抗零食文化的好方法。我告诉自己，绝不双手一摊说"好困难，我做不到"，以免将来我的孩子面对毒品的诱惑时，也对我双手一摊，那时后悔就真的太迟了。

如此这般，我把图画书里的童谣改成："过新年，大团圆，糖果饮料我不爱，换来红包压岁钱！"

带孩子看病的
三勿四要

许多家长在带孩子看病时，不知道如何与医生沟通，等到走出诊室了，对孩子的病情还是一知半解。我想在看医生这件事情上，应该有个"三勿四要"，让家长能够有规可循。

有一篇刊登在《儿科》杂志的报道，标题非常有趣，大意是"和医生一起讨论治疗方向，可以省钱"。研究内容发现，如果家长和医生沟通良好，能一同讨论出适合的治疗方向，就能减少跑急诊以及住院的次数，医疗费用自然跟着降低。除此之外，病人有无保险，喂药习惯如何，这些以病人为导向的疗程讨论，都可减少无效的医疗浪费。

也就是，下列的"三勿四要"，也许可以替您省点钱：

勿自行"点菜"

很多家长进医院好像来到麦当劳，比较客气的点化痰药、退烧药，"胃口比较大的"还会点 B 超等，这些药物或是检查，真的能够帮助到您的孩子吗？

药物都有副作用，检查多少会有一点伤害性，这些对孩子的负面影响都应该列入家长与医生的考虑之中。不过，我也鼓励家长，向医生询问某种药物或某种检查的可行性，让医生来回答您的问题，并且替您做最适当的决定。

勿批评谩骂

孩子生病了，爸爸妈妈难免心急，一旦诊察过程不顺遂，很容易情绪失控，出言不逊，甚至动手打人。这些行为在任何公共场合都不合适，特别是在医院里，何况还有孩子在场。

在医院里，每个医护人员的工作就是帮助病人，在这个过程当中也许有点滴打不上（孩子的血管太细），或是检查治疗不易执行（孩子不愿配合），或是等待的过程太长（等就算了，孩子饿到受不了一直哭泣）等多种状况，总之有各种原因让家长生气。

不过换一个角度想，儿科医生与护士，不也是每天从早到晚在这些哭闹声中找出孩子的问题，才能给他们帮助吗？给孩子一个温柔的拥抱、适度的安慰，陪伴孩子渡过难关，会比踢倒治疗车、对医生拳打脚踢或对护士出言恐吓有建设性多了。

勿利用医生

利用医生有很多种方式，比如说利用医生开出对自己有利的诊断书，或是利用很熟的医生插队、挤单人房等，这些行为也许会让你得到利益，但是却损害了其他同样需要帮助的生病的孩子们的权益。

其实，孩子的健康必须由医生与家长一起承担责任并开展合作，上面提到的是"三勿"，至于"四要"则是：

要表达感谢

在这个医疗秩序混乱的时代，能够支撑医护人员最重要的力量，还是病人的尊重与感念之情。很多医护人员之所以还坚守在医疗的岗位，没有转向医疗美容、自费健检、保险业、销售药品等其他行业，只是因为放不下那份照顾病人的成就感。毕竟，在当下这个社会，要找到一个让自己感觉每天都对社会有所贡献的职业，已经不是那么简单了。

所以不要小看您的一句"谢谢"，这带有魔力的两个字，会让医生、护士所有的压力都溶化，重新点燃因值班而耗尽的体力，并且继续温柔细心地呵护您的孩子的健康。

要了解病情

在您表达善意之后，接下来请务必向医生请教："目前的诊断方向是什么呢？"所谓"目前的诊断"，是指医生对于疾病有个治疗的方向，但不见得是最后的答案。

医生在看诊的时候，脑海里会同时出现很多疾病的可能，通常会选择最常见的一两种开始治疗，如果反应不佳，才会进一步检查或治疗其他可能的问题。但不管走到哪一步，家长有权利也有义务知道目前走到哪里，才能配合医生的脚步循序渐进。当然，家长也可以提出自己的想法（比如说网上查到的疾病），但尽量不要强硬干涉医生的整个思考脉络，有时反而顾此失彼。

要表达用药习惯

孩子即使年龄相仿，但是用药习惯时常南辕北辙。虽然大部分孩子爱喝药水，但也有孩子很能吞药，连眉头都不皱一下。为了避免药效不彰或者是药物浪费，家长应主动向医生提供孩子的喂药习惯。比如说，什么样的给药频率较容易配合执行，一天两次还是一天四次，孩子比较喜欢药水还是药片，等等。

要知道危险迹象

离开诊室之前，要多问一句："除了按照预定的时间复诊之外，如果提前出现什么样的迹象，要赶快主动就医吗？"光是这句话，就可以免去许多无意义的跑急诊或者错失黄金诊断的时机。家里如果有比较焦虑的长辈，也可以借由医生的话，让他们比较心安——"除非发生如此这般的情形，否则三天后再复诊即可"。